版式设计 从入门到精通

Layout Design

陈根　编著

化学工业出版社
·北京·

本书针对未来消费群体特点，从立足市场传播需求角度出发，以更加敏锐的洞察力和全新的视角，从概述、设计、色彩、方法、应用五大方面全面介绍了版式设计的方法和技巧。值得一提的是，前四章中每个知识点和要点均附有案例，并从版式构思和具体设计内容进行解说，理论和案例紧密结合，融会贯通，轻松易懂。

图书在版编目（CIP）数据

版式设计从入门到精通/陈根编著．—北京：化学工业出版社，2018.3（2021.9重印）
ISBN 978-7-122-31397-3

Ⅰ.①版… Ⅱ.①陈… Ⅲ.①版式－设计
Ⅳ.①TS881

中国版本图书馆CIP数据核字(2018)第012766号

责任编辑：王　烨　金林茹　　　　　　装帧设计：王晓宇
责任校对：边　涛

出版发行：化学工业出版社（北京市东城区青年湖南街13号　邮政编码100011）
印　　装：北京捷迅佳彩印刷有限公司
710mm×1000mm　1/16　印张15½　字数283千字　2021年9月北京第1版第4次印刷

购书咨询：010-64518888　　　售后服务：010-64518899
网　　址：http://www.cip.com.cn
凡购买本书，如有缺损质量问题，本社销售中心负责调换。

定　　价：89.00元　　　　　　　　　　　　　　　版权所有　违者必究

前言
FOREWORD

随着新媒体传播技术的日新月异,面向大众的信息传播方式和手段层出不穷。不论是传统媒体还是新媒体,都离不开平面的表达方式,而平面表达的一个关键要素就是版式的表达形式。如何将要表达的信息有效编排并使其在信息的海洋中脱颖而出俘获受众的内心呢?

版式设计作为平面设计中的一大分支,运用造型要素及形式原理,对版式内的文字字体、图像图形、线条、表格、色块等要素,按照一定的要求进行编排,并以视觉方式艺术地表达出来,使观看者直觉地感受到某些要传递的意思。

设计师通过一定的手法,在有限的空间内将各种文字和图片有效地结合在一起,最终使版式显得丰富活泼,或多姿多彩,或庄重沉稳,以加强读者的注意力、提高阅读兴趣,使读者在视觉上能够直接感受到版式所传达的主旨。

版式设计是艺术构思与编排技术相结合的工作,对人们的视觉和心理都产生积极的推动作用,在各个领域越来越受到重视。版式设计不只用于书刊的排版当中,网页、广告、海报等涉及平面及影像的众多领域都会用到版式设计。好的版式设计可以更好地传达作者想要传达的信息,或者加强信息传达的效果,并能增强可读性,使经过版式设计的内容更加醒目、美观。

在新的传播形势下,为了和大家更好的探讨更为有效的版式编排方式与技巧,共同探索如何最大限度地挖掘版式各元素本身具有的意义和相互之间的有机组合,本书针对未来消费群体特点,从立足市场传播需求角度出发,以更加敏锐的洞察力和全新的视角,通过五章对版式的编排进行深入浅出、全面透彻和清晰地阐述。概述,主要介绍版式设计的意义所在和版式设计的一般程序。设计,将版式设计的基本构成元素——点、线、面以及文字、图片和网格作为论述的对象,讲述了如何针对它们的具体特点和所起的不同作用进行有效设计。色彩，色彩比单调的文字更加生动形象，更让人印象深刻且便于记忆，本书从色彩最基本的理论讲起，并延伸到色彩在版式设计中的具体体现和作用。方法，也是本书重点章，从常用的版式构图样式、常见的版式构图比例形式、版式设计的视线法则、增强版面的空间感和版面设计的整体原则五个方面进行阐述。赏析，全章针对比较常见的海报招贴、平面广告、封面内页、网页、字体五个与消费受众息息相关的信息传播介质，精心选择国内外具有代表性的版式设计案例，图文并茂，从中我们可以看到优秀作品传达的附加价值和版式设计的新趋势。

值得一提的是，前四章中每个知识点和要点均附有案例，并从版式构思和具体设计内容进行解说，理论和案例紧密结合，融会贯通，轻松易懂，可以帮助读者更加快速有效地将版式编排技巧与实际应用紧密联系起来，从而掌握版式设计在实际操作中的应用技巧。

书中观点明确，图文并茂，通过大量实用案例的列举与展示，除帮助读者掌握版式设计的实际应用法则之外，还可大大提升读者的审美品位。

本书读者可包含：

1. 各行业内从事品牌策划宣传、产品推广、市场营销的人员；

2. 想要进入产品包装、书籍设计、广告设计等相关领域的创业、从业人员；

3. 营销咨询公司、设计公司、策划公司等的从业人员；

4. 高等院校设计、管理、营销等专业的师生。

本书由陈根编著。陈道双、陈道利、林恩许、陈小琴、陈银开、卢德建、张五妹、林道姆、李子慧、朱芋锭、周美丽等为本书的编写提供了很多帮助，在此表示深深的谢意。

由于作者水平及时间所限，书中难免存在不妥之处，敬请广大读者及专家批评指正。

编著者

目录
CONTENTS

第1章 概述 / 001

1.1 版面设计的意义 / 002
1.2 版面设计的基本程序 / 004
1.3 版面设计的历史 / 009
    1.3.1 第一时期 / 009
    1.3.2 第二时期 / 012
    1.3.3 第三时期 / 015
    1.3.4 第四时期 / 016

第2章 设计 / 019

2.1 版面设计的基本构图元素 / 020
    2.1.1 "点"在版面设计中的表现 / 020
        2.1.1.1 "点"的构成 / 020
        2.1.1.2 "点"的编排方式 / 023
        2.1.1.3 "点"的表现 / 028
    2.1.2 "线"在版面设计中的表现 / 033
        2.1.2.1 "线"的形态 / 034
        2.1.2.2 "线"的特征 / 039
        2.1.2.3 "线"的表现 / 043
    2.1.3 "面"在版面设计中的表现 / 046
        2.1.3.1 "面"的构成 / 046
        2.1.3.2 "面"的形态 / 048
        2.1.3.3 "面"的表现 / 056

2.2 文字的编排 / 059
    2.2.1 字体之间的编排 / 060
        2.2.1.1 中文字体的编排 / 060
        2.2.1.2 英文字体的编排 / 061

目录
CONTENTS

  2.2.1.3 中英文字体的混合编排 / 062
  2.2.1.4 设定文字的字体大小与距离 / 063
 2.2.2 文字的对齐方式 / 066
 2.2.3 文字编排的要点 / 073
  2.2.3.1 识别性 / 074
  2.2.3.2 易读性 / 075
  2.2.3.3 准确性 / 076
  2.2.3.4 艺术性 / 078
 2.2.4 文字与意象 / 080
  2.2.4.1 高级感和传统感 / 080
  2.2.4.2 亲近感与柔和感 / 082
  2.2.4.3 未来性与先进性 / 084
  2.2.4.4 华丽感与装饰性 / 085
  2.2.4.5 怀旧与复古 / 086
  2.2.4.6 严谨感与信赖感 / 086
  2.2.4.7 自然感与手工感 / 087

2.3 图片的编排 / 088

 2.3.1 图片的大小及位置关系 / 089
  2.3.1.1 角版图片 / 089
  2.3.1.2 图版率 / 090
  2.3.1.3 出血图片 / 092
  2.3.1.4 图片位置 / 093
  2.3.1.5 去背图片 / 094
  2.3.1.6 裁切图片 / 095
 2.3.2 不同风格的图片表现力 / 097
  2.3.2.1 具象性图片 / 097
  2.3.2.2 抽象性图片 / 099
  2.3.2.3 夸张性图片 / 101
  2.3.2.4 符号性图片 / 102
  2.3.2.5 简洁性图片 / 103
 2.3.3 图片的编排方式 / 104

目录 CONTENTS

        2.3.3.1　方向编排　/ 104
        2.3.3.2　位置编排　/ 107
        2.3.3.3　面积编排　/ 110
        2.3.3.4　组合编排　/ 112
        2.3.3.5　动态编排　/ 113
　　2.4　网格的应用　/ 113
        2.4.1　网格对版面的灵活控制　/ 114
            2.4.1.1　网格的建立　/ 114
            2.4.1.2　网格的编排形式　/ 117
        2.4.2　网格在版面设计中的作用　/ 119
            2.4.2.1　约束版面内容　/ 119
            2.4.2.2　确定信息位置　/ 120
            2.4.2.3　配合版面要求　/ 121
            2.4.2.4　确保阅读顺畅　/ 122

03 第 3 章 色彩　/ 125

　　3.1　色彩的基础知识　/ 126
        3.1.1　色彩的概念　/ 127
        3.1.2　色彩的形成　/ 127
        3.1.3　色彩的三要素　/ 128
　　3.2　色彩语言　/ 135
        3.2.1　色彩的情感性　/ 135
        3.2.2　色彩的心理差异　/ 142
　　3.3　色彩在版面设计中的应用　/ 146
        3.3.1　利用色彩表现准确的设计主题　/ 146
        3.3.2　利用色彩打造出色的版面效果　/ 157
            3.3.2.1　利用无彩色打造版面效果的深度　/ 157
            3.3.2.2　利用色彩凸显版面的重要信息　/ 160

目录
CONTENTS

   3.3.2.3 利用色彩凸显版面主体 / 160
   3.3.2.4 利用主次色调增强版面节奏 / 161
  3.3.3 色彩组合表现丰富的版面空间感 / 162
   3.3.3.1 同类色表现的版面空间感 / 162
   3.3.3.2 类似色表现的版面空间感 / 164
   3.3.3.3 邻近色相表现的版面空间感 / 165
   3.3.3.4 对比色相表现的版面空间感 / 166
   3.3.3.5 互补色相表现的版面空间感 / 167

04 第 4 章 方法 / 169

4.1 构图样式 / 170
  4.1.1 标准式 / 170
  4.1.2 满版式 / 170
  4.1.3 定位式 / 171
  4.1.4 坐标式 / 172
  4.1.5 聚焦式 / 172
  4.1.6 分散式 / 173
  4.1.7 导引式 / 173
  4.1.8 组合式 / 174
  4.1.9 立体式 / 175

4.2 常见的版面构图比例形式 / 176
  4.2.1 变化与统一 / 176
  4.2.2 对称与均衡 / 178
  4.2.3 秩序与单纯 / 182
  4.2.4 对比与调和 / 184
  4.2.5 虚实与留白 / 187
  4.2.6 节奏与韵律 / 190

4.3 版面设计的视线法则 / 193

目录 CONTENTS

4.3.1 明确版面的视觉走向 / 194
  4.3.1.1 单向视觉走向 / 194
  4.3.1.2 导向视觉走向 / 197
  4.3.1.3 斜向视觉走向 / 200
4.3.2 视线重心的运用 / 201

4.4 增强版面的空间感 / 206
4.4.1 通过改变比例关系营造空间感 / 206
4.4.2 通过改变位置关系营造空间感 / 207
4.4.3 通过黑白灰的空间层次营造空间感 / 207
4.4.4 动静关系、图像肌理关系产生空间层次 / 208

4.5 版面设计的整体原则 / 208
4.5.1 鲜明主题的诱导力 / 208
4.5.2 形式与内容的统一 / 209
4.5.3 强化整体布局 / 210
4.5.4 技术与艺术的统一 / 210

05 第5章 赏析 / 211

5.1 海报招贴 / 212
5.1.1 艺术流派 / 212
  5.1.1.1 ABSTRACT ART抽象表现主义 / 212
  5.1.1.2 DE STIJL荷兰风格派运动 / 212
  5.1.1.3 FAUVISM野兽派 / 213
  5.1.1.4 KINETIC ART机动艺术 / 213
  5.1.1.5 NEOREALISM新写实主义 / 214
  5.1.1.6 RENAISSANCE文艺复兴 / 214
5.1.2 福田繁雄视错觉平面设计 / 215
5.1.3 卡里·碧波海报作品选 / 219
  5.1.3.1 黑篇 / 219

目录
CONTENTS

    5.1.3.2 白篇 / 219
    5.1.3.3 红篇 / 220
    5.1.3.4 蓝篇 / 221
    5.1.3.5 黄灰篇 / 221
    5.1.3.6 彩篇 / 222
   5.1.4 日本平面设计大师原研哉作品设计 / 223
  5.2 平面广告 / 224
   5.2.1 极简主义广告设计集锦 / 224
   5.2.2 创意广告设计集锦 / 225
  5.3 封面内页 / 226
   5.3.1 《一杯韩国茶》/ 226
   5.3.2 Überzeitung 报刊设计 / 228
   5.3.3 World Cup Schedule 平面版式设计 / 230
   5.3.4 东京一绪 The Tokyo ISSYONI Weisly 杂志版式设计 / 231
  5.4 网页 / 232
   5.4.1 Gilt Groupe 官方网站 / 232
   5.4.2 Jumbo UGG 筒靴电子商务 / 233
   5.4.3 网页——韩国 KidsPlus 乐衣乐扣动画片卡通网站 / 234
  5.5 字体 / 235
   5.5.1 Barkentina 字体排版设计 / 235
   5.5.2 和合——设计哲学系列作品设计 / 236
   5.5.3 巴塞罗那 BORN 市场展览会字体设计 / 236
   5.5.4 灵动多变汉字字体设计 / 237

01 Chapter

第 1 章

概 述

Layout Design

版面设计又称为版式设计,是平面设计中的一大分支,主要指运用造型要素及形式原理,对版面内的文字字体、图像图形、线条、表格、色块等要素按照一定的要求进行编排,并以视觉方式艺术地表达出来,使观看者直觉地感觉到某些要传递的意思。

1.1 版面设计的意义

设计师通过一定的手法,在有限的空间内将各种文字和图片有效地结合在一起,最终使版面显得丰富多彩,或动感活泼,或庄重沉稳,以增强读者的注意力、提高阅读兴趣,使读者在视觉上能够直接感受到版面所传达的主旨。

版面设计并非只用于书刊的排版当中,也会用于网页、广告、海报等涉及平面及影像的众多领域。好的版面设计可以更好地传达作者想要表达的信息,或者加强信息传达的效果,并增强可读性,使经过版面设计的内容更加醒目、美观。版面设计是艺术构思与编排技术相结合的工作,是艺术与技术的统一体(图1.1 ~ 图1.3)。

图1.1　书籍封面设计

图1.2　葡萄酒包装设计

图1.3　家居杂志内页设计

通过上面的讲解，我们清楚地认识到版面设计对于印刷出版物的重要性。因此，版面设计的意义就是通过将空间视觉元素合理地编排以最大程度地发挥其表现力，并强化版面的主题，再用版面特有的艺术感染力来吸引观众的目光（图1.4～图1.6）。

版面构思：留白处理，竖向视觉走向，重心下置，三支巨大夸张的笔的造型
设 计 阐 述：

1. 快递公司户外广告巨大的广告面板悬挂于街道拐角的建筑外立面上，内容十分简洁和直接，用一句话概括了选择使用该快递公司的用户数量之多。最下面是快递公司的标志和名称。文字部分位于面板的中下部，上部作留白处理。

2. 面板颜色为白色，文字颜色与标志相匹配，使用了蓝、黑两种颜色，将要突出表达的部分十分清晰明朗地传达给路人。

3. 面板顶部放置了三支巨大的笔的造型，恰似办公桌上一张被各种各样的笔夹住的便笺纸，十分生活化，让人感觉亲切，拉近了快递公司与目标用户的距离；同时笔帽给人往下的视觉引导，使人的注意力集中到文字的信息传达上。

图1.4　快递公司户外广告

版面构思：满版的人物摄影图片
设 计 阐 述：

1. 男性杂志封面设计，人物图片近乎满版构图，左上角杂志名称被放大处理，重点内容标题索引有侧重点地放置于图片周围，所有文字的颜色保持一致。

2. 古铜色、酷劲十足、尽显阳刚之气的男性形象，高品质枣红色皮质上衣配以高级的黑色背景和灰色字体，画面整体协调，视觉冲击力强，非常大方、直观、层次分明。

图1.5　美国Squat Design设计机构杂志排版

图1.6 唱片封套设计

版面构思： 几何曲线的组合构图，人物黑白满版处理

设计阐述：

1. 歌手唱片封套背景及人物头像使用了黑白图片，对背景图片进行模糊处理，使位于中心的人物头像得到凸显，让观者能够清楚地了解到封套所属的歌者身份，同时只给以侧脸又显示出一定的神秘感。

2. 整体低沉、阴郁的色调与人物忧郁的表情和望着远方的深邃眼神配合，能够引起读者的兴趣，产生心灵的共鸣，有很强的感染力。

3. 正方形线条、对角线及圆形线条交织在一起引导观者的视线收缩集中到正中央唱片的名称及歌手的姓名。这些线条和文字均使用了金色，使阴郁的色调明朗起来，起到画龙点睛的作用。

1.2 版面设计的基本程序

若想做好版面设计，首先要了解其基本的设计程序。运用合理的版面设计程序，有利于对设计项目有一个全面的认知，使设计工作更加顺畅且有效地进行。

（1）确定设计项目

首先需要明确设计项目的主题，再根据主题来选择合适的元素，然后考虑采用什么样的表现方式来实现版面与色彩的完美搭配。唯有明确了设计项目的主题，才能准确、合理地进行版面设计（图1.7）。

图1.7 农用杀虫剂包装设计

版面构思： 底色白与标志蓝、文字黑简单明了的搭配

设计阐述：

Agromundo是一家总部设在墨西哥销售农用杀虫剂的品牌，简单的标志采用交错的线条组成的三叶草形状图形，表现出品牌的现代精通技术。

（2）明确传播信息内容

版面设计的首要任务是准确地传达信息。在对文字、图形和色彩进行合理的搭配以美化版面的同时，对信息的传达也要准确、清晰。首先要明白版面设计的主要目的和需要传达的信息，再考虑合适的编排方式（图1.8）。

版面构思： 照片满版布局、文字置底

设 计 阐 述：

1. 这是一则反皮草公益海报，意图是传达动物生命的平等性。

2. 皮草穿在身上虽然奢华，却剥夺了动物生的权利。因此满版为一位装束十分新潮、时尚的年轻女性，与之形成鲜明对比的是她的衣服使用了成百甚至更多兔子的皮毛，从美丽的女性与失去生命的兔子角色和数量上形成双重鲜明的对比。

3. 没有过多的文字阐述，只是在图片左下角放置了中英文结合的"时尚杀手"一词，起到点题作用，并再一次警示人们。

图1.8　反皮草公益海报

（3）定位目标读者

版面的类型众多，有的中规中矩、严肃公正；有的动感活泼、变化丰富；也有的大量留白、意味深长……作为设计师，不能盲目地选择版面类型，而要根据读者族群的特点来判断。如果读者是年轻人，则选择时尚、活泼、个性化的版面；如果读者是儿童，则选择活泼、有趣的版面；如果读者是老年人，则选择规整常见的版面以及较大的字号。因此在设计前，针对读者族群进行分析是非常重要的一个步骤（图1.9）。

图1.9　韩国KidsPlus乐衣乐扣动画片卡通网站

版面构思：明度、纯度均很高的色彩在面积大小、种类数量上的对比使用，活泼可爱的卡通人物形象

设计阐述：

1. 这是一个气氛相当足的全Flash韩文站点。气氛的营造和黄色及橙色的大面积使用有着直接的关系。虽然主色调是这两种颜色，却并不仅限于此，粉红色、紫色、蓝色、绿色也都出现在这个设计中。但是从色彩比例上来说，它们要少得多，所以能做到在丰富色彩方案的同时又不喧宾夺主，冲淡或者有悖于整体的气氛。

2. 整个页面没有完全填充为黄色，第一张图片底部页脚部分的白色既给类似于打开的贺卡主视觉提供了稳固的水平面，也给整个设计增加了透气的心理感受。大面积的渐变黄色背景中叠加了卡通图案，增添了设计层次，营造了设计基调。

3. Logo多色彩的拼图方案和背景的拼图图案相呼应，以向下顺延视线的大圆角吊牌作为导航的设计样式，并使用了手写的卡通字体，右边相关活动内容的圆形吊牌也采用了类似设计。可以观察到，圆角的白色描边在这个设计中重复出现，可以作为关于儿童网站设计的细节考量。

（4）明确设计宗旨

设计宗旨即设计的版面要表达什么意思、传递什么信息，最终要达到怎样的宣传目的。此步骤在整个设计过程中十分重要（图1.10）。

图1.10 吉百利网站设计

版面构思：以紫色为主，灰色为辅，整齐排列的子品牌标志

设计阐述：

1. 作为巧克力夹心太妃糖市场的领先品牌，吉百利公司以消费者需求为导向，从精选优质原料到利用先进的设备和工艺进行精加工，每一个细节都体现着对高品质的追求。吉百利怡口莲，甜润的太妃糖包裹着香浓润滑的吉百利巧克力，不断丰富的产品线带给消费者更多的快乐选择，使其随时随地可放松自己，或同家人、好友一起分享快乐时光。

2. 在网站设计时采用代表奢华的紫色，并将吉百利旗下众多的产品品牌采用灰底罗列出来，信息虽多，但整体版面非常有次序，让人一目了然。

(5)明确设计要求

在商业设计中,版面设计需要了解设计的要求,以达到广告宣传的目的。有明确的设计宗旨、明确的主题,通过文字与影像的结合,将版面的信息准确快速地传达给观众,进而促进商品销售(图1.11)。

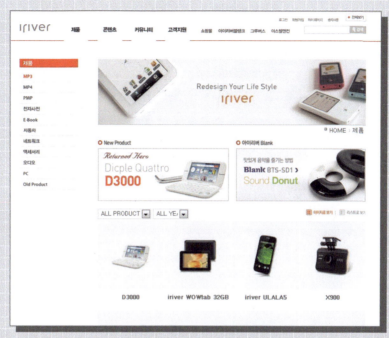

图1.11　韩国iriver网站设计

版面构思:简洁灰白色调背景,放大处理并整齐有序排列的产品图片
设计阐述:

1. 艾利和(iriver)是韩国著名的数码产品制造商,成立于1999年,致力于给用户带来最尖端的数字娱乐产品,让用户享受全新的数码体验。其主要产品包括闪存播放机、电子词典、电子书、多媒体播放机、录音笔等。网站的主要目的是展示产品的特性,增强浏览者的消费欲望。

2. 其简洁灰白色调给网站带来科技感和现代感,对产品图片放大处理,下部为产品对应的最主要信息,包括产品名称或产品型号、价格等,信息精简,传达明确。

(6)制订过程计划

在进行设计前,需要对设计背景进行调查研究,并收集资料、了解背景信息、熟悉背景的主要特征,然后根据收集的资料进行分析,以确定设计方案,最后根据方案来设计内容(图1.12)。

图 1.12　卡夫食品分拆公司"亿滋国际"企业形象设计

版面构思： 紫色标志，多种食品多彩颜色简笔图有机组合，强对比色彩大面积使用

设 计 阐 述：

1. 卡夫食品在2012年10月1日被拆分成两家公司，其中接收原公司零食制造销售业务的新公司被命名为亿滋国际（Mondelēz International, Inc.），而接收北美地区零售业务的新公司则继承原公司名称命名为卡夫食品集团（Kraft Foods Group Inc.）。

2. "Monde"是拉丁语"世界"的意思，"delez"则代表美味（delicious），合起来意味着"美味世界"。为了新公司的名称问题，卡夫向其全球范围的员工征求了意见，最终有1000多名员工提交了1700多个候选名字。确定采用的"Mondelez"这个名字是一位欧洲员工和一位北美员工所提建议的综合体。

（7）设计流程

做出一个设计方案所要经历的过程叫作设计流程，这是设计的关键。想到哪做到哪的方式可能会使设计出现许多漏洞和问题，版面设计应按照合理的设计流程来进行设计（图1.13）。

左图是版面设计的基本步骤。

① 根据设计主题明确版面的开数，然后思考和分析版面风格。

② 先在纸上手绘一些版面结构的草图，再确定版面比例，最后完成整个版面结构。

③ 根据版面结构对图片与文字进行编排，使版面平衡，以达到传达信息的目的。

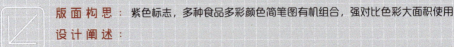

图 1.13　版面设计流程示意图

1.3 版面设计的历史

1.3.1 第一时期

第一时期主要以立体主义、未来主义、达达主义、超现实主义和装饰主义为代表。其特点是对版面构成的形式要素进行了分析组合及对理性规律的探索。

（1）立体主义

立体主义是西方现代艺术史上的一个运动和流派，又译为立方主义，1908年始于法国。

立体主义的艺术家追求碎裂、解析、重新组合的形式，形成分离的画面——许多组合的碎片形态为艺术家们所要展现的目标。艺术家以许多的角度来描写对象物，将其置于同一个画面之中，以此来表达对象物最为完整的形象。物体的各个角度交错叠放造成了许多的垂直与平行的线条角度，散乱的阴影使立体主义的画面没有传统西方绘画的透视法造成的三维空间错觉。背景与画面的主题交互穿插，让立体主义的画面创造出一个二维空间的绘画特色（图1.14）。

图1.14 立体主义作品

（2）未来主义

未来主义运动起源于20世纪初意大利在绘画、雕塑和建筑上的一场设计运动，主张对工业化极端膜拜和高度的无政府主义，反对任何传统艺术形式，蔑视社会文化和文明，极端地追求个性自由，探索在时间、空间与机械美学方面的表现。在版面编排上，未来主义鲜明地提出反对严谨正规的排版方式，提倡自由组合，即编排无重心无主次，杂乱无章，字体各异的散构，甚至完全散乱的无政府主义的形式，倡导"自由字体"毫无拘束的编排，其中各种字体及大小字母混杂，高低错落地混乱组合，甚至文字不再只成为表达内容的媒介物，而成为设计构成的一种视觉元素与符号（图1.15）。

图1.15　未来主义作品

（3）达达主义

达达主义艺术运动是1916～1923年间出现于法国、德国和瑞士的一种艺术流派。达达主义是一种无政府主义的艺术运动，它试图通过废除传统的文化和美学形式发现真正的现实。

在艺术观念上强调自我，反理性，认为世界没有任何规律可遵循，所以表现出强烈的虚无主义特点，随机性和偶然性，荒诞与杂乱。达达主义与未来主义在编排设计上的相似之处，在于用照片和各种印刷品进行拼贴组合再设计，以及版面编排上的无规律化、自由化、相互矛盾化。其革命性的大胆尝试与突破对后来的设计师影响很大（图1.16）。

图1.16　达达主义作品

(4)超现实主义

超现实主义是在法国开始的文学艺术流派，源于达达主义，并且对于视觉艺术的影响力深远，于1920～1930年间盛行于欧洲文学及艺术界中。它的主要特征，是以所谓"超现实"、"超理智"的梦境、幻觉等作为艺术创作的源泉，认为只有这种超越现实的"无意识"世界才能摆脱一切束缚，最真实地显示客观事实的真面目。超现实主义给传统对艺术的看法带来了巨大的影响。其创作的目的是重新寻找和了解社会的实质，认为无计划的、无设计的、下意识或潜在的思想动机更真实，如用写实的手法来描绘主题，拼合荒诞的梦境或虚无的幻觉（图1.17）。

图1.17　超现实主义作品

(5)现代主义设计

现代主义的特点是理性主义，"功能决定形式"不是一种风格，而是一种信仰（图1.18）。现代主义最鲜明的主张是："少则多"。反对装饰的繁琐，提倡简洁的几何形式，所以现代主义在平面设计上作出了很大的贡献：

图1.18　现代主义设计作品

① 创造了以无装饰线脚的国际字体为主体的新字体体系，并得以广泛应用。

② 在平面设计上开始对简洁的几何抽象图形进行探索设计。

③ 将摄影作为平面设计插图的形式进行研究。

④ 将数学和几何学应用于平面的设计分割，为骨骼法的创造奠定了基础。

1.3.2 第二时期

在第一次世界大战后兴起，以俄国构成主义、荷兰风格派、德国包豪斯三个重要的设计运动为代表。

其特点是强调平面设计中的科学化、理性化、功能化、减少主义和几何化，为艺术设计的观念和思想奠定了坚实的基础。

（1）构成主义

构成主义设计将抽象的图形或文字作为视觉传达的元素和符号进行构成设计，版面编排常以几何的形式构成，同时也带有未来主义、达达主义自由拼合和无序的特点。但在整体上构成主义更讲究理性的规律，强调编排的结构，简略的风格以及空间的对比关系（图1.19）。

图1.19　构成主义作品

（2）荷兰风格派

荷兰风格派是1917年在荷兰出现的几何抽象主义画派，以《风格》杂志为中心，主要领袖为P·蒙德里安。蒙德里安喜欢用新造型主义这个名称，所以风格派又称作新造型主义。风格派完全拒绝使用任何的具象元素,主张用纯粹几何形的抽象来表现纯粹的精神。该流派认为抛开具体描绘,抛开细节,才能避免个别性和特殊性,获得人类共通的纯粹精神表现(图1.20)。

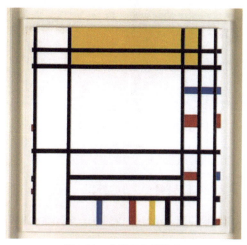

图1.20　荷兰风格派作品

① 高度的理性化,完全采用简单的纵横编排方式,除纵横的几何分割块外,没有其他装饰。

② 字体完全采用无装饰线体。

③ 版面编排采用非对称方式,但追求非对称的视觉平衡。

④ 尝试在版面上进行直线的骨骼分割构成。

(3)包豪斯

包豪斯,是德国魏玛市的"公立包豪斯学校"的简称,后改称"设计学院",习惯上仍沿称"包豪斯"。在两德统一后位于魏玛的设计学院更名为魏玛包豪斯大学。她的成立标志着现代设计的诞生,对世界现代设计的发展产生了深远的影响,包豪斯也是世界上第一所完全为发展现代设计教育而建立的学院。"包豪斯"一词是格罗皮乌斯提出来的,是德语Bauhaus的译音,由德Hausbau(房屋建筑)一词倒置而成。

包豪斯是现代设计思潮的集大成者(图1.21)。它总结和发扬了自英国工艺美术运动以来各种设计改革运动的精髓,继承了德国制造联盟的传统。现代艺术各个流派的代表人物不少都曾到包豪斯学校任教或讲学,这促进了现代主义风格的融会和发展。

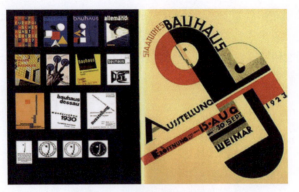

图 1.21　包豪斯设计作品

第一时期：魏玛时期（1919 ～ 1925 年），格罗皮乌斯

第二时期：德骚时期（1925 ～ 1932 年），汉斯·迈耶

第三时期：柏林时期（1932 ～ 1933 年），密斯·凡·德罗

在设计理论上，包豪斯提出了三个基本观点：

① 艺术与技术的新统一。

② 设计的目的是人而不是产品。

③ 设计必须遵循自然与客观的法则来进行。

包豪斯的平面设计风格是在俄国的构成主义、荷兰风格派和德国的现代主义设计的影响下，综合发展和逐步完善形成的。包豪斯的平面设计的思想及风格具有强调科学化、理性化、功能化、减少主义和几何化的特点，注重启发学生的潜在能力和想象力，注重字体设计，采用无线装饰字体和简略的编排风格（图1.22和图1.23）。

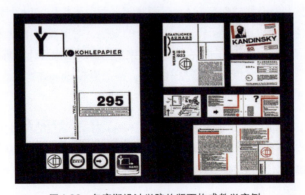

图 1.22　包豪斯设计学院的版面构成教学实例

图1.23 康丁斯基60岁生日招贴画

包豪斯的现代设计风格迅速向美国、瑞士、日本、荷兰、匈牙利等国流行开来,从广告、招贴、版面、包装到建筑、摄影、家具、日用品设计等,无不深受包豪斯的影响。可以说,包豪斯为现代版面构成打下了坚实的理论和实践基础(图1.24)。

图1.24 包豪斯风格作品

1.3.3 第三时期

第三时期是在第二次世界大战后50年代～70年代的国际主义主导的设计风格。其特点是高度的功能化、标准化、系统化,其反装饰的排版风格、简明扼要的视觉形式,有利于国际化的视觉传达功能,因此很快被世界各国采用。

国际主义风格在平面上的贡献是研究出了骨骼排版法，即将版面进行标准化的分割，将字体、插图、照片等按照划分的骨骼编排在其中，取消编排的装饰，采用朴素的无线装饰字体，采用非对称的版面编排（图1.25）。国际主义在形式上以"少则多"的减少主义的特征为宗旨，但这种风格的缺点是过于严谨刻板，版面单调、冷漠缺乏生气。

这一时期国际主义的设计家们对于无线字体进行了深入的研究，如笔画的粗细、字号的大小以及字角的细节变化等都得到了新的创造，有的字体已被采用为电脑字体。

随着社会的不断进步和国际间密切交流与合作的不断增强，平面设计的国际化趋势越来越明显，而各国的本土文化特征逐步消失，被国际主义特征取代。这是国际社会高速发展与交往融合的必然，是社会发展的需要，同时也说明国际主义风格主导世界设计是必然趋势。

图1.25 国际主义平面设计风格

1.3.4 第四时期

第四时期指20世纪60年代开始的后现代主义平面设计表现形式（图1.26）以及电脑网络多元化媒体传达。

其特点是在思想体系上全面否定与反讽传统的一切文明,主张强调自我感受,他们对人类自古典文明以来的传统艺术进行了全面的、革命的、彻底的改革,完全改变了视觉艺术的内容、形式和服务对象。

后现代主义也是从建筑设计开始发展起来的,从意识形态上看后现代主义是对现代主义、国际主义设计的一种装饰发展。

反对"少则多"的减少主义风格,主张以装饰的手法来传达视觉上的丰富,而不是以单调的功能主义为中心。提倡设计的个性自由和对艺术的自我宣泄,采用开玩笑的方式进行装饰设计,所以版面的字体、插图或排版都充满了欢乐、游戏、调侃、疯狂的特点,甚至有意制造版面矛盾冲突,主次混乱,字体分解叠合,充满了反国际主义刻板的风格,但并没有抛弃现代主义和国际主义平面设计的视觉传达特点。

20世纪80年代到90年代,电脑技术、数码技术和信息媒体的迅猛发展,改变了人们的生产方式和生活方式。在平面设计上,电脑技术的广泛普及运用,给设计工作提供了极大的方便。数码革命使平面设计从排版编辑、图像处理、文件刻录、印刷、扫描到数码相机设备的配合都发生了巨大的变化,缩短了手工劳动时间,提高了效率和质量,促进了信息的传播,使平面设计进入了前所未有的一个崭新阶段。网络媒体的出现,使平面设计从二维的静态发展到动态、互动的多元媒体的表达。

图1.26 后现代主义平面设计表现形式

Chapter

02

第 2 章

设 计

Layout Design

2.1 版面设计的基本构图元素

版面设计首先要符合自身的定位，然后在视觉上要美观大方、便于阅读。版面构图主要是由元素点、线、面组合而成的（图2.1）。

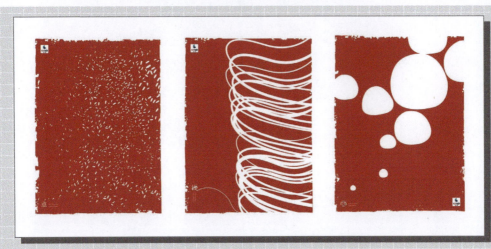

图2.1 食物中的点、线、面——舌尖上的中国海报

版面构思：红色为底，白色的点、线、面

设计阐述：
1. 红色背景采用印章形态，赋予作品本身以中国传统的味道。
2. 食物是中国人饮食中最多使用的主食，挖掘出食物中丰富的艺术形态，反映了中国人的食物及种类多样又富有文化内涵。

2.1.1 "点"在版面设计中的表现

2.1.1.1 "点"的构成

"点"是版面设计构成中最小的设计元素，不仅能构成平面化的线元素，还能组成立体化的面元素。

在日常生活中，我们将那些体积非常小或者远离我们的事物称为"点"。在版面设计中，"点"的效果并不是取决于其自身大小，而是取决于其与其他元素的比例。圆点是最理想的点，但"点"不仅仅指圆点，所有细小的图形、文字以及任何能够用"点"来形容的元素都可以被称为"点"（图2.2和图2.3）。

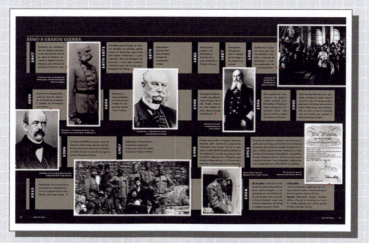

图2.2 国外杂志布局设计

版面构思：黑色作为整体背景色，灰色作为文字表述部分底色，白色照片粗边框

设计阐述：

1. 黑色作为整体背景色，从整体上给人以沉重的感觉。黑白色调的历史人物照片满版处理使人物形象得以放大，并给人以厚重的历史感。

2. 照片边缘处理为白色粗边框，使其在黑色的底色上得以凸显。照片散乱地放置在整个版面的各个地方，在沉重的氛围中给人以自由、舒服的感觉。

3. 将人物的介绍文字放置在灰色底色色块上，阅读起来十分轻松、明了。黑、灰、白三色的运用体现了版面很强的空间感。

图2.3 韩国banner网店海报

版面构思：食品照片去底色放大处理，照片和文字分区处理

设计阐述：

1. 食品照片去底色放大处理十分诱人，食品照片和对食品的介绍分别放置在版面的左右两边。

2. 食品名称和对食品其他资料的介绍文字用大、小号进行区别，使人能够快速了解食品的各个相关信息。

3. 整体版面底色采用了食品本身的颜色，并将明度和色调进行低调处理，色调清新淡雅。

值得一提的是，在偌大的空间里，这些"点"元素在视觉上也具有很强的吸引力。在进行平面创作时，常将主体物以"点"的形态放置于版面中，利用点在视觉上的注目性来提升主题信息的传播效力（图2.4）。

图2.4 卡尔加里农贸市场平面广告

版面构思：食物照片去底色放大置中

设计阐述：

1. 卡尔加里农贸市场平面广告将作为主体宣传目标物的水果、鸡蛋以单个个体的形象放置在版面中轴线位置偏中央处，以突出产品。

2. 同时，放射渐变蓝色背景和目标主体物的颜色形成鲜明对比，也起到了很好的凸显主体物的作用，展示了产品的优质、新鲜。

在平面构成中，单独的"点"形态能引起人们的高度注意，而组合式的"点"形态则能带给人们更加丰富的感官体验。"点"的组合形态有很多，如将大小不一的"点"以密集的形式进行排列，可以使版面呈现出视觉张力；或者将多个"点"元素朝统一的方向进行排列，可以在版面中形成强烈的视觉牵引力等（图2.5和图2.6）。

图2.5 国外杂志内页设计

版面构思： 在视觉上将冗繁的大段文字减量化

设计阐述：

1. 杂志或书籍中常常会在一页或两页上出现大段文字。大段文字会给读者带来枯燥、不想继续阅读的感觉。这时将具有关联性的文字段落分成若干段落，相互隔开一定距离形成多个点阐述的状态，反而会给人以书籍编辑者用心设计的感觉，而且会觉得文字变少、变短、更加清晰。

2. 这本杂志相邻的40、41页就采用了这种方法。采用具有一定倾斜角度的色块将大段文字分成小段，文字则进行"漂白"，并将两页上不同但又有关系的文字段落用两种颜色区分开来。整个版面变得十分丰富，层次感很强。

版面构思： 不同类信息分区处理，不同"点"的组合形态

设计阐述：

1. 对信息用网格进行分区分类编排，文字"漂白"化，在视觉上将冗繁的大段文字减量化。

2. 采用不同颜色、不同面积的色块衬底，形成多样化"点"的组合形态。

3. 降低作为衬底的颜色明度和纯度，整个版面显得十分柔和。

图2.6　信息图表版式设计

"点"并不只是以单独的形态出现，物象与物象在进行交错或叠加排列的过程中，交叉的部分也可以视为一种"点"的形态，如棋盘上的交叉点。我们将这种存在于交叉处的"点"称为隐形点，它在版面设计中有聚集的作用。即使是排列杂乱的版面结构，物象间交叉形成的"点"也能有效地引起读者的注意。

2.1.1.2 "点"的编排方式

（1）明确点的大小

版面中的点，由于其大小、形态、位置的不同，所产生的版面视觉效果和心理作用也不同（图2.7）。

点的缩小能起到点缀和强调的作用，点的放大则可以有面的感觉，更能突出画面的重点。点的表现要注重形象的强调，给人情感上和心理上的量感。

图2.7　点的不同大小带来不同视觉效果

（2）位置不同的点产生不同的视觉感受

点既可以形成画面的中心，又可以和其他形态组合，起着平衡画面、填补空间、点缀和活跃画面气氛的作用。

进行版式设计的时候，不仅仅要考虑点的大小分布，同时还要考虑点在版面中的位置，点的不同位置将会直接影响到版式的效果。

当点居于画面中心的时候，空间的视觉对称且张力均等，主体显得突出。

当点居于画面上部的时候，视线会向上移动，页面中的其他内容会有下沉的感觉。

当点居于画面左边的时候，读者视线会自然向左移动，符合人们从左到右的视觉习惯。

当点居于画面右边的时候，会打破人们的视觉流程习惯，视觉重心向右移动。

（3）置中（图2.8）

海报主题：《金刚狼2》以上一集金刚狼被击中头部失忆作为开端。金刚狼被曾经救过的日本忍者组织老大带到日本，并卷入了该组织的继位之争。

版面构思：人物形象置中，蓝黑色背景

设计阐述：

1. 将"点"——电影中的主角形象照片放置在版面中央以凸显主体。

2. 文字沿版面垂直中心线分布在人物图片上下，使整个版面给人以稳定的感觉。

3. 人物背景为蓝黑色的夜晚城市街景，烘托了影片神秘的故事氛围。中上部血红色残缺不全的人物头像剪影给人以窒息、紧张的感觉，也增强了影片故事情节的刺激性。

图2.8　电影《金刚狼2》海报

（4）左上（图2.9）

图2.9　国外书籍内页版面设计

版面构思：字体的艺术化处理

设计阐述：

1. 根据内容不同对文字进行大小、字体、风格的变化处理，以形成层次感，引发阅读兴趣。

2. 标题文字进行了艺术化处理及放大加粗，形成了左上位置的"点"元素，加强了版面重心。

（5）左下（图2.10）

图2.10　国外海报设计

版面构思：实体文字聚集形成虚拟图片

设计阐述：

1. 将与"LOVE"有关的英文单词聚集形成虚拟心形图片，极具趣味，烘托强化了主题。

2. "点"元素——心形图几乎占据了版面左侧大半部分，一方面符合人们的阅读习惯，另一方面能够在第一时间将人们的视线吸引在图片上。

（6）右上（图2.11）

图2.11　电影《马达加斯加3》海报

版面构思：对影片主要卡通形象的不同处理

设计阐述：

1. 四个戴着潜水眼镜可爱的卡通动物，其中三个将头部半露在水面上，以躲避天上飞机的追踪，而只有"点"——最右侧长颈鹿因为身高原因却无法潜入水里。卡通动物的动作、神态尽显搞笑。同时也打破了人们的阅读习惯，使视线优先集中在长颈鹿身上。

2. 将大字体的影片名称紧挨长颈鹿脖子置中放置，强化了视线走向，起到了很好的宣传效果，可加深观众对影片的印象。

3. 水天一体的蓝色背景，橙黄色影片名称和卡通造型，蓝橙对比色的运用使版面十分鲜明、有趣。

（7）右下（图2.12）

版面构思：将版面一分为二，文字在左，图片置右

设计阐述：

1. 将目录页版面左右分为两栏，文字索引部分用网格上下分栏，结合不同颜色进行区分，十分干净、直白。

2. 将"点"——相关图片放置在版面右侧偏下，打破传统阅读习惯，使读者的视线优先集中在图片上，然后转移到图片左侧的文字目录上。

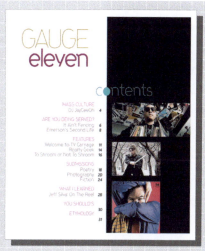

图2.12 国外书籍目录页设计

点的排列能够使版面产生不同的心理效应，把握点排列的方向、形式、大小、数量变化以及空间分布，可以形成活泼、轻松等不同风格的版面表现效果。

点在版面空间中的分布是多元的，最常见的形式分为左右式、上下式、左上式、左下式、右上式和右下式，以及中心发散式、边缘发散式和自由式等。其中，边缘发散式和中心发散式都有一定的规则，而自由式则没有任何固定的规则，可以任意组合（图2.13）。

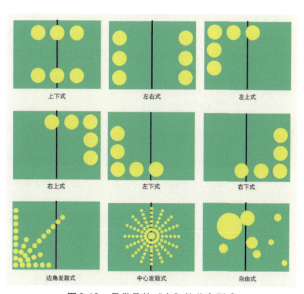

图2.13 最常见的"点"的分布形式

在版面设计的实际应用中，"点"的分布不一定和上面分布图中的一模一样。如在"上下式"的图示中，"点"的位置上下对齐，分布在版面上下对称的位置上。但在实际的版面中，只要点位于版面的上下方，不管位置、大小是否一致，是否对齐，都可以算上下式分布；同理，"中心发

散式"只要是从同一中心向外发散即可,并不一定要大小、间距等完全一致。因此,我们应该灵活运用(图2.14)。

版面构思: 从中心发散出许许多多的简笔画商品

设 计 阐 述:

1. 以该品牌标志所在的黑色圆圈为中心,发散出大量商品简笔画,形成虚拟圆形放置在版面中央,凸显了该品牌家居生活商品的多样化。

2. 上部简笔人物的视线和黑色三角箭头也将读者的视线引到中间的虚拟圆形图片上。

图2.14 Glad家居生活平面广告

2.1.1.3 "点"的表现

"点"在设计作品中无处不在。在有限的版面中,它能够起到点缀画面的作用。版面设计中的"点"极富变化,不同的构成方式、大小、数量等都能形成不同的视觉效果。

(1)单"点"

单"点"是指版面中只存在一个点元素,且往往被视为画面的主体物。在版式设计中,人们通常将画面中的主体物视为点元素。设计者可以利用主体物摆放位置的不同,使版面呈现出不同的视觉效果(图2.15)。

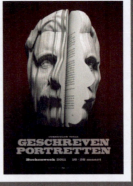

图2.15 荷兰读书周海报

每年荷兰都会举行不同主题的读书周活动，2013年的主题为"传记"。这些海报是设计师利用书籍创作的著名人物的头像，借此来反映读书周的主题。

版面构思：将利用书籍创作的著名人物的头像放大置中

设计阐述：

1. 这些用书籍创作的人物头像占据了画面三分之二的大小，并置于画面的中轴线上，因而得到凸显。

2. 头像的颜色为书籍最普遍的黑白灰调，放置在单一深色调的背景上，立体感强，十分醒目。

当遇到结构复杂的版式时，也可以利用一些特殊的编排手法来突出画面中唯一的主体物，从而形成单点的变形形式。在实际的设计过程中，可以运用物象间的对比关系来突出点元素，如从配色关系上、物象在面积上的区分等（图2.16）。

图2.16　2013年玻利维亚国际海报双年展入围作品海报文化类

版面构思：将利用书籍创作的著名人物的头像放大置中

设计阐述：

1. 将咖啡豆以密集的方式排列在版面中，整个画面呈现出拥挤、热闹的感觉。

2. 在咖啡豆里掺杂着几粒形态不一的豆粒和一只倒满咖啡的杯子，打破了咖啡豆形成的黑色画面，使整个画面的色调不致沉闷。

3. 凭借"点"元素色彩和面积的对比，使整个画面层次更加丰富。

（2）多"点"

当版面中出现多个点元素时，可以根据主体需求来决定集中或分散的编排方式。在版式设计中，将多个点元素以聚集的方式排列在一起，以形成密集型的编排样式，并利用充满紧凑与局促感的版式结构，在视觉上带给读者一种膨胀或拥挤感（图2.17）。

图2.17　法国服装名牌鳄鱼服饰广告

版面构思：将身着各色服装的人物进行动感化处理

设 计 阐 述：

1. 将众多身着不同风格服饰的人物照片去背处理，放置在版面中央，凸显该品牌服饰的多样化和所针对的用户群。

2. 版面中人物的动作造型各异，虽集中，但有一种向不同方向的动力趋势，青春向上。

3. 设计者以淡蓝的天空作为人物的背景，使人物有漂浮的感觉，增强了画面的动感、时尚。

点的分散式是指将多个点元素以散构的形式分布在版面的各个角落，使画面呈现出扩散、饱满的视觉效果。在进行点的分散式排列时，要注意保持点元素的关联性；否则，过于散乱的版式结构将会直接影响主题传达的准确性（图2.18）。

  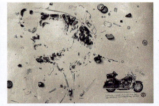

图2.18　哈雷戴维森摩托车广告

广 告 主 题：你就是它的灵魂。一则哈雷戴维森的老广告，在当年曾获得戛纳广告节金狮奖。设计师Brock Davis在平面上将哈雷拆解成逐个的零件后拼组成人像，寓意每辆车的灵魂就是拥有者自己。从而衬托出哈雷力求个性的张扬、在寻求品牌价值观认同的前提下，根据哈雷迷的个人喜好量身定制专属于哈雷车的最大特点。

一个世纪以来，哈雷戴维森一直是自由大道、原始动力和美好时光的代名词。喜欢哈雷的人，性情中往往会有奔放、狂野的一面，而哈雷摩托威猛的外形以及大排量大油门所带来的轰响，也正是激情、狂热的一种精神象征。当一辆座驾能融入你的灵魂中，谁能不爱？

版面构思：将哈雷拆解成逐个的零件后散构拼成人像

设 计 阐 述：

1. 版面中呈散状排列的零件，在视觉上带给读者散漫、自由的感受。
2. 散状排列的零件拼成的虚拟人像与右下角的哈雷摩托照片相互衬托，相映成趣。

（3）"点"的线化

当版面中出现两个或两个以上的点元素时，可以利用相邻点之间的张力作用，使读者在潜意识中将它们连接在一起，从而在视觉上呈现出点的线化效果。点的线化效果不仅能在排列结构上将视觉要素连接在一起，同时还能使画面产生强烈的吸引力，并给观众留下独特的视觉印象。

将多个点元素按照固定的轨迹进行排列，以此在版面中形成单向的视觉牵引力，根据排列方向的不同，画面呈现出的视觉氛围也不同。比如通过点元素的水平排列来体现版式结构的秩序性（图2.19）。

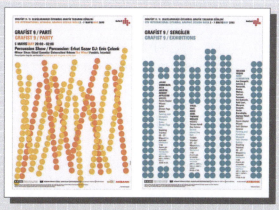

图2.19　Mike Joyce瑞士现代主义风格海报

版面构思：对相同的点元素进行不同的排列组合

设 计 阐 述：

1. 左边的一幅海报，橙黄两色原点分别等距排列形成长短相同的直线，将这些直线交错搭配斜向排列，充满了趣味性。
2. 右边的一幅海报，蓝色圆点两点一组等距垂直排列，长短不一的圆点组合配合文字相同方向的编排，十分具有韵律感。

设计者两个相同性质的视觉元素刻意地排列在一起，以使读者自觉地在潜意识中用线段来连接它们，从而形成隐性的线化效果。该类线化效果在表现方式上具有良好的互动性，通过特定的排列模式使人们从联想中得到结论，并主动将画面中的视觉元素联系在一起（图2.20）。

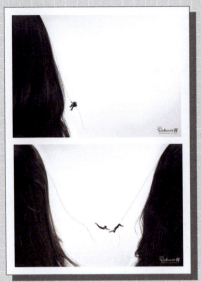

图2.20 Radiance-H洗发水广告

版面构思：情景的移植嫁接，形状的大小对比

设计阐述：

1. 将人物头发图片进行裁切放大处理，使读者的视觉在第一时间集中其上。将处于不同运动状态的人物缩小处理，把他们运动的辅助器械移植为一根头发。

2. 放大处理的人物头部与运动的人物之间得以连接，具有很好的互动性。使人们从画面中得出想要的结论——发质如此强韧，并主动和画面中的视觉元素联系在一起，很好地起到了宣传洗发水从内部强化头发的效果。

3. 版面背景留白处理，使画面简洁，凸显了画面中的人物造型。

（4）"点"的面化

3个以上并且不在同一直线上的点就可以构成简单的几何面。在版式设计中，通过对版面中的点元素进行特定的编排处理，可以形成具有多样性变化的点面效果。

将版面中的点进行有规律的重复排列，使点元素集中在画面的特定区域，同时脱离背景以构成独立的平面。通过点的面化处理，将使画面中的视觉要素被聚集在一起，从而打造出紧密、局促的版式结构（图2.21）。

图2.21 台湾旅行社 Melchers Travel （美最时）广告

广告主题：Time for a family vacation?不要让工作填满你的生活，是时候和家人一起旅行一下了。在这个快节奏的城市里，我们是应该适当地放下手头的工作，多花一些时间陪一陪家人了。

版面构思：文件夹的密集满版排列

设计阐述：

1. 广告描述的是一台电脑的桌面，将多个与工作相关的文件夹以密集的形式满版排列在画面中，形成了压抑的视觉感受。

2. 电脑桌面的背景是满版放置妈妈和孩子快乐相拥的相片，与布满桌面的文件夹形成对比，充分诠释了广告的主题思想。

在进行点的面化处理时,加强点元素在形态与结构上的变化程度,可大大增强版面的空间感与层次感。比如,通过扩大点元素在面积上的对比效果,可以打造具有韵律感的版式空间;或者对点元素进行有规律的缩放处理,从而使版面在特定方向带给读者一种视觉上的延伸感(图2.22)。

版面构思:文字的图形化处理

设计阐述:

1. 将与主题相关的英文单词放大处理,拼成正在骑车的人物简化造型,给人以设计感。
2. 其他相关文字段落采用小号字体,并进行自由编排,形成飞速骑车后的影子,凸显了赛事的激烈。

图2.22 国外自行车比赛海报

2.1.2 "线"在版面设计中的表现

在几何学中,线的定义为任意点在移动时所产生的运动轨迹。而点进行移动的方式将决定线的形态,如弯曲的移动方式会形成曲线、笔直的移动方式会形成直线等(图2.23)。

版面构思:斜线与自由曲线、实线与虚线的组合运用

设计阐述:

1. 海报主题主要文字采用大号字,黑色和白色交叉排列,形成虚化的自由曲线形态。其他相关信息文字部分采用小号黑色字体,白色色条铺底,形成不同方向自由排列的实斜线。两种形态的"线"元素构成了活泼的版面效果。
2. 海报背景为纯度和明度很高的蓝色,大号字体文字采用与背景色冲突较大的黄色、绿色、橙色不规则色块衬底,给人以立体化的感觉,使主题得到强化。
3. 海报主体周围为白色边框,进一步凸显了主题。

图2.23 伊斯坦布尔国际平面设计周历届海报

"线"在版面中的构成形式比较复杂,分为实线、虚线以及肉眼无法看见的视觉动线。其中,最常见的形态是实线。

2.1.2.1 "线"的形态

"线"是由无数个点构成的,是点的发展和延伸,其表现形式非常多样。不同的线条类型会在情感表达上呈现出不同的形态。线条的类型主要分为直线与曲线两种。直线包括斜线、垂直线、平行线与水平线,而曲线主要包括自由曲线和几何曲线。

(1)斜线

斜线是指按照倾斜朝向进行延伸的一类直线,在视觉空间中具有强烈的失衡感,能使读者感到内心的忐忑不安。与此同时,斜线还能在方位上呈现出向上或向下的运动感,带给人动感、活力的视觉感受(图2.24)。

图2.24 韩国LOOK养乐多塑身减肥饮料广告

版面构思:身材窈窕的女性去背照片、斜线运用

设计阐述:

1. 广告宣传的是塑身减肥饮料,因此版面选用的素材为身材窈窕的年轻女性形象,拉近了与读者的距离,容易使产品深入人心。

2. 斜线带给人狭长的感觉,几乎布满版面,与饮料瓶本身的包装元素相呼应,进一步强化了该饮料所能达到的塑身效果。

3. 斜线状玫红色丝带打破了版面较素雅的背景色调,给人以轻松的感觉。穿插于人物前后,形成了立体的画面效果。

(2)垂直线

在垂直方向上进行延伸的直线,其笔直而坚挺的线形结构容易使人感受到端庄的视觉氛围。在版面设计中,运用垂直线不仅能打造严肃的版式结构,还能增强版面在视觉表达上的肯定感(图2.25)。

版面构思：不同粗细、相同长度垂直线的排列组合

设计阐述：

1. 设计者运用相同长度、不同粗细的垂直线，增强了版面在视觉上的稳重感和韵律感。

2. 垂直线左右两侧均匀排列，形成了版面的均衡感。

图2.25　国外海报设计

（3）平行线

在几何学中，将同一平面内永不相交的两条或多条直线称为平行线。平行这个概念在版式设计中的应用也十分广泛。将大量直线以平行的形式进行排列，可以营造出强烈的版式整体感；而少量的平行线组合则会突出版面在方向上的单一性，同时赋予版式以运动感（图2.26）。

版面构思：平行线的等距排列，飞机图片的剪切

设计阐述：

1. 将版面中的黑色直线以水平等距平行线的形式排列，形成统一感。

2. 相同的去背飞机照片经过有重点的裁切，分别放置在黑色线上的不同位置，统一中不乏变化。

3. 黑色平行线与飞机照片形成飞机平稳飞离跑道的画面，有效地宣传了海报主题。

图2.26　日本平面设计大师新村则人广告设计

（4）水平线

直线沿着水平方向延伸，会给人以无限、辽阔的视觉感受，并以此联想到地平线、海平面等事物。此外，凭借水平线在空间结构上的高稳定性，还能营造出安宁、平静、稳重的视觉氛围，同时带给观众强烈的安全感（图2.27）。

图2.27　Smart汽车广告

广告主题：浓缩才是精华
版面构思：剪影动物的大小对比，纯色背景的运用
设计阐述：

1. 动物图片经过剪影处理，突出了动物本身的形象，动物之间用水平线相连，一大一小的对比效果更加强烈。

2. 背景分别采用高纯度、高明度的互补色、对比色，突出了画面中各个元素，系列广告更加夺人眼球。

3. 版面右下角的汽车与上方动物的走向相对，形成了稳当的视觉效果。

（5）几何曲线

所谓几何曲线，是指通过几何数学计算得来的一类曲线图形。这类曲线拥有严谨的内部结构及柔和的外部形态。常见的几何曲线有弧线、S形线、O形线等。在版式设计中，这类线条能给人以明显的约束感，并使读者感受到线条结构中的紧张与局促感。此外，它还能使版面整体呈现出饱满、圆滑的视觉效果（图2.28）。

版面构思：不同颜色几何曲线的组合

设计阐述：

1. 以较粗的圆形曲线作为画面的主体元素，利用规则的形态打造出饱满、圆滑的视觉效果。

2. 将曲线以相同粗细两种不同颜色交叉排列，增强了版面的丰富感。

图2.28　国外海报设计

在版式设计中，将版面中的视觉元素，如文字、图形等，以几何曲线的形式进行排列，从而在形式上赋予这些元素韵律感。与此同时，这样的编排方式还会使版面整体显得格外俏皮与活泼（图2.29）。

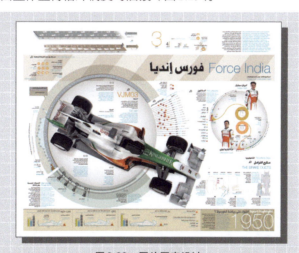

图2.29　国外图表设计

版面构思：文字围绕几何曲线排列，灵活的网格布局，曲线与平行线的组合使用

设计阐述：

1. 将赛车的图片去背靠左放大处理，几乎占据了版面的三分之二，符合一般的阅读习惯。曲线围绕赛车图片，强化了版面重心。相关信息文字绕曲线有序排列，极具韵律感和趣味性。

2. 灵活的网格将不同类文字段落布局得很有条理，可方便阅读。

3. 版面上部为不同颜色的斜线平行线，从左至右排列，版面下部为色块垂直方向分割。上中下的版面层次划分使画面具有稳定感。

（6）自由曲线

在几何学中，自由曲线是指徒手描绘而成的一类曲线，其在形态上没有固定的外形和结构，因而主要特征表现为具有强烈的随机性。自由曲线主要分为两种，一种是单一型自由曲线，它是指版面中只存在很少的曲线数量，通过减少线条的数量可以大大提升单一曲线的视觉形象，同时使画面展现出明朗、流畅的空间个性（图2.30）。

版面构思：用卡通造型描绘主题公园场景
设 计 阐 述：

1. 将过山车的形象满版布局，充分宣传了该娱乐项目。用过山车自由流畅的曲线造型拼出主题公园的英文名称，再次强化了读者对主题的印象。

2. 左边为目瞪口呆的卡通人物形象，自然地引导读者视线，也烘托了该主题公园过山车娱乐的刺激、惊险。

3. 用卡通造型描绘主题公园场景，强化了主题的趣味、欢乐性。

图2.30　霍皮哈日主题公园过山车平面广告

在版式构成中，还有一种组合型自由曲线。既然是以组合为主，那么画面中自然就会充斥着大量的曲线，并且沿着不同的轨迹进行延伸，从而在视觉上给人以凌乱、个性的感觉。需要注意的是，在应用这类曲线时，一定要保证画面背景的整洁，如利用空旷的背景来削弱曲线在视觉上的冲击力（图2.31）。

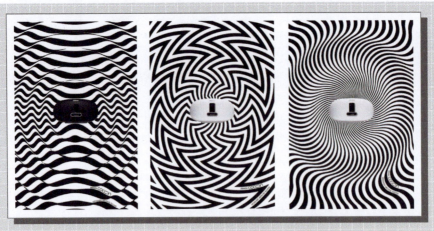

图2.31　2013 One Show Design 海报类优胜奖作品

版面构思：自由曲线的组合排列

设计阐述：

1. 将曲线自由排列变化，赋予画面以美感和动感。
2. 曲线的自由排列强化了版面的纵深感，吸引读者的视线集中在中央位置的物品，起到了很好的视线引导功能。

2.1.2.2 "线"的特征

线的编排依据包括线的情感、线的节奏以及线的空间。不同的线有着不同的情感。将不同的线有节奏地编排在版面中，就能形成不同的效果。

线的粗细、长短、虚实等特征的不同，所带给人的视觉感受也不同。

（1）线的粗细

线的粗细是经过一番对比而得来的结果，它能在外形上给人以非常直观的感受，因此仅凭肉眼就能识别线条的粗细程度。在同一个版面中，将那些在宽度上相比较窄的一类线条称为细线，这类线条具有纤细的形态与柔软的质感，能在视觉上给人以细腻感（图2.32）。

版面构思：大量细线的使用

设计阐述：

1. 画面四周为大量不同色彩向四周自由发射的细直线，使画面十分细腻和精致。
2. 大量的细直线在画面中央相交而汇聚成主题文字周围的粗线，使主题文字得以强调，很好地向读者传递了信息。

图2.32　ljubo bratina海报设计

粗线的定义与细线恰好相反，主要是指宽度值上相对较大的一类线条。在同一版面中，相对于细线来讲，粗线拥有更鲜明的视觉形态，能带给读者直观的印象。由于粗线能在画面中留下明显的视觉痕迹，设计者往往会利用这种线条来引导读者的视线，从而完成对版面信息的有效传达（图2.33）。

图2.33 汽车保险协会公益广告

广 告 主 题：系好安全带，死亡时间由你掌控。
版 面 构 思：对角线运用
设 计 阐 述：

1. 设计者将人物佩戴安全带之后的照片进行重点裁切，保留后的画面中安全带显得更粗，呈左下 右上的走向，有效地引导读者的视觉。

2. 代表生命段的年份数字采用白色字体，与周围的暗色调形成强烈对比。安全带将代表生命终结的年份数字盖住，巧妙地传达了广告所要表达的意思。

在平面设计中，将粗细不一的线条安排在同一个版面中，使粗线的豪放性与细线的细腻性在视觉形式上得到有机融合，从而打造出极具张弛感的版面效果。除此之外，还可以通过调整粗、细线条在版面中所占的面积比例，使版面呈现出相应的节奏感和韵律感（图2.34）。

图2.34 伊斯坦布尔国际平面设计周历届海报

版 面 构 思：粗线与细线、实线与虚线的组合
设 计 阐 述：

1. 不同颜色、大小字体文字形成长短不一的虚拟粗线、细线。

2. 虚拟的文字粗线、细线与粗细相同但颜色不同的实体粗线呈十字对角线有机组合排列，使画面具有空间感和张力。

（2）线的长短

线条有长有短。长线就是指那些相比之下长度值偏大的一类线条。这类线条给人的视觉印象往往是洒脱和直率。除此之外，设计者还可以利用线条在外形上的修长打造出具有延伸性的视觉效果（图2.35）。

版面构思：长短线的组合

设计阐述：

1. 竖向规整密集排列的橙色线条在黑色背景的衬托下显得细长，营造出简洁的图案，并引导读者的视线至版面下部的海报主题文字上。

2. 将日本刀以斜向、简笔画的形式呈现，重点展示刀柄，给人以较短的粗线条的视觉感受。

3. 左上角向上呈45°上下的短线条打断了规整密集排列的橙色线条，使画面不再呆板。

图2.35 西班牙设计师MeaCulpa Creatius 设计的"七龙珠"极简风海报

短线是指画面中那些在长度值上偏小的一类线条。值得一提的是，当画面中充斥着大量的短线时，会给读者以局促、紧张的视觉感受；当画面中只有少量的短线时，就会给人以精致、细腻的视觉感受（图2.36）。

广告主题：捕获狂野

版面构思：短线的巧妙运用

设计阐述：

1. 设计者巧妙地利用汽车前部的进气栅栏形成有序排列的短线条形态，使人联想到笼子。

2. 将汽车"黑化"处理，加强了画面的纵深感，突出了自然景色图片的真实感，映衬了广告主题。

3. 左下角放置"白化"处理的汽车图片，使其在黑色的背景图片上得以重点突出，有效地宣传了产品。

图2.36 吉普牧马人广告

（3）线的虚实

在这里虚实可以理解为线条的无形与有形两种形态。在版面中，这类线条没有明确的视觉形态，它们往往存在于潜在的元素中，如地平线、具有规律性排列的点元素等。由于虚线没有直观的可视性，因而读者需要经过一定的观察与思考才能发觉其存在（图2.37）。

版面构思：在视觉上将冗繁的大段文字减量化

设 计 阐 述：

1. 设计者利用平行的两行树在人仰视时形成的空白空间，使读者同样感受到从地面延伸向上的无形的线条。

2. 将手电筒放置在树木无穷远处的交点处，以形成版面的重心。

3. 树木形成的空白空间结合手电筒，极具创意的错觉利用，让人联想到夜晚手电筒射出的强光，很好地渲染了手电筒的强大功能。

图2.37　飞利浦手电筒广告

实线是指那些拥有实体形态的线条。实线能在视觉上给人以强烈的真实感与存在感，并能引导读者跟随线条的运动轨迹来完成对版面信息的浏览。在版面设计中，实线是运用最多的线体形态之一，无论是规整的直线还是自由的曲线，都能使版面在综合表现上更具优势（图2.38）。

版面构思：粗体曲线与纤细直线的组合运用

设 计 阐 述：

1. 版面中央加粗的几何曲线，增强了线条的重量感和真实感。

2. 一个完整的几何圆形看似随意地断开形成藕断丝连的形态，整体的渐变颜色使图案极具设计感。

3. 从几何圆形断开处发射出几条极细的直线条汇聚在中心，使平面图形得到了立体化。

图2.38　国外海报设计

在版式设计中，虚线能给读者提供想象的空间，并以此激发他们的想象力；而实线则会带给读者真实的视觉印象。可以将线的两种形态进行有效组合，从而形成虚实相生的画面效果，同时呈现出极具协调性的版式空间（图2.39）。

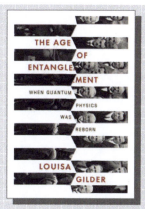

版面构思：虚实相生

设计阐述：

1. 整个画面有种一张多人在一起拍摄的黑白旧照片被经过精心设计裁切后形成的错落有致的效果。

2. 没被裁切掉的照片部分给人以真实的线条形象，裁切后形成的白色区域在相邻的照片色调的衬托下形成虚拟的线条。

3. 与图书相关的信息分布在白色线条上，增强了白色线条的存在感。虚拟字体大小和颜色也根据重要程度进行了区分。

图2.39　国外图书封面设计

2.1.2.3 "线"的表现

（1）线对空间的分割

在版式设计中，可以运用多种样式的线条对版式结构进行合理的分割，如对图文进行分割以及对编排区域进行分割，运用线条的分割手法以规划理想的版面布局等。常用的分割方式有下列几种（图2.40～图2.43）。

① 将多个相同或相似的形态进行空间等量分割，以形成富有秩序感的效果。

② 运用直线对图文进行空间分割，以获得条理清晰、整体统一的版面效果。

③ 使用线条对空间进行不同比例的分割，便能够得到具有对比效果和节奏感的版面。

版面构思：导读色条的运用

设计阐述：

1. 将主题标题文字以超大字体处理，形成视觉重心。

2. 运用导读色条将版面划分为多个区块，色条下方为大号段落短标题，并将相关文字段落进行对应放置，形成简洁明了的版面效果。

图2.40　国外书籍内页设计

④ 在分栏中加入直线进行分割，使栏目条理清晰、易读性强。

图2.41　国外报纸版面设计

版面构思：利用物体外形编排文字

设 计 阐 述：

　　1．将医用听诊器放大满版布置，直截了当地表达了该版面的主题。

　　2．将大量的文字信息依据听诊器的曲线形态排列，形成多变的版面网格结构，活跃了版面氛围。

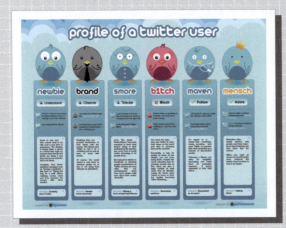

图2.42　国外图表设计

版面构思：利用色块对版面进行分割

设 计 阐 述：

　　1．用相同的蓝色色块对版面进行分割，形成了规整的版面结构。

　　2．每个蓝色色块的上方放置着一幅小鸟的卡通图片，好像落在这些色块之上，给人以轻松可爱的视觉感受。

图2.43　2012伦敦奥运会纪
　　　　念品海报

版面构思：利用直线条对版面进行分割

设 计 阐 述：

　　1．利用细细的直线条对摆放着许许多多不规则形体的奥运会纪念品的版面进行分割，使这些物品得到有效分类，富有条理。

　　2．版面主体使用了三种柔和的颜色，使画面具有协调感。

（2）线的空间力量感

　　力场是虚拟存在的，是通过人的视觉所引发的一种感受。通过线条对图片和文字进行划分和整理，使版面产生力道。力道的大小与线条的粗细和虚实有关，线条越粗、越实，力道越大，反之则越小（图2.44和图2.45）。

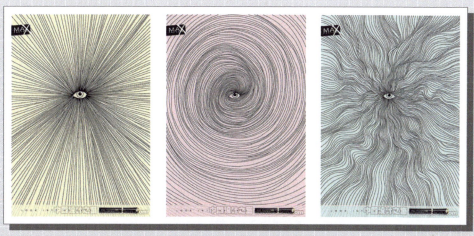

图2.44　MAX FACTOR品牌睫毛膏广告

广告主题：look into my eyes
版面构思：线的组合排列形成立体空间感
设计阐述：

　　1. 设计者选取与睫毛相似的"线"元素表现主题。分别使用纤细的直线、自由曲线进行向心性的组合排列，形象地表达了睫毛膏在塑造多变睫毛形态上的强大功能。
　　2. 满版布局，淡雅单纯的用色使画面极具冲击感。
　　3. 将产品品牌标志放置在左上角，符合人们的阅读习惯，有效地传达了品牌。

版面构思：线的分割
设计阐述：

　　1. 运用粗的直线条对版面进行分割，给人以干脆的力道感，也使版面富有条理，尤其是右页满版面的酒的酒瓶图片。
　　2. 标题采用大号很黑字体，得以强化。

图2.45　国外图书版式设计

（3）线的空间约束力

我们可以根据版面需要来改变线条的形态，以形成对空间的约束。细线框的版面轻快、有弹性，但约束力较弱；粗线条具有强调的作用，能够形成重点，约束力较强，但过粗的线条会显得呆板沉重（图2.46）。

版面构思：图片对版面的分割

设计阐述：

1. 对时尚女性图片进行裁切，仅保留张大嘴巴的夸张造型，有效地渲染了杂志的时尚感。

2. 裁切后的图片放置在版面中间偏左的位置，无形中形成粗直线并对版面进行了分割。

图2.46 日本时尚杂志内页设计

2.1.3 "面"在版面设计中的表现

"面"是平面设计中一种重要的符号语言，被广泛地运用于设计当中。"面"是版面构成的三要素之一，由"面"组成的图形总是比由"线"或"点"组成的图形更具视觉冲击力。它可以作为重要信息的背景，以凸显信息并达到更好的传达效果。

2.1.3.1 "面"的构成

在几何学中，我们将线移动后留下的轨迹称为面。面是点的放大、集中或重复，也是线重复密集移动的轨迹和线密集的形态。线的分割能够产生各种比例的空间，同时也能形成各种比例关系的面。面在版面中具有平衡、丰富空间层次、烘托及深化主题的作用。

面在版面中所占据的面积最大，同时孕育着强烈的情感表达。相对于点和线来讲，面具有更强的质感和更形象的视觉表现力。一个色块，一个放大的字元，一张图片，一段文字都可以理解为面（图2.47～图2.50）。

图2.47 法国家乐福超市广告

广告主题：新鲜，就像现摘
版面构思：物体满版布置
设计阐述：

1. 将拍摄的成片菜地和果园实景照片满版布局，给人以一望无际丰硕的景象，贴切地传达了超市食品的新鲜程度。

2. 将超市入口门柱照片移植到画面左下角位置，引导读者的视线走向，并给人以身临其境的感觉。

版面构思：在视觉上将冗繁的大段文字减量化
设计阐述：

1. 随着2013爵士上海音乐节阵容的揭晓，音乐节最终版的海报也尘埃落定。今年，由西班牙设计师Nasi设计的森海塞尔绿色音符海报，爵士上海的主字母"JZ"被无限突出，表演嘉宾则被并排放在下侧。这种比电影海报还要大胆的设计营造出了JZ大家庭的氛围，每一个表演嘉宾都是JZ的一员，每一个亲临现场的观众都组成了JZ大家庭，人们为音乐而来，为JZ而来—— 因为音乐无国界，爵士需倾情。

2. 海报另一大看点是绿色草坪的设计，这种视觉上的柔和与"绿色音符"步调一致，阳光照耀下的JZ字样的绿荫无比清爽，你甚至可以想象自己已经在世博公园的草坪上吹着微风、在阳光下谈笑风生、在音乐中翩翩起舞；没什么惊天动地的号召，不要撕心裂肺的嘶吼，只需怀着一颗通透的心，感受生活享受音乐——这就是有关爵士上海音乐节的一切，爵士就是生活，生活需要爵士。

图2.48 2013爵士上海音乐节海报

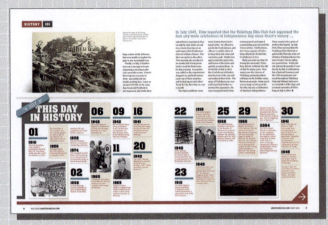

图2.49 国外杂志内页设计

版面构思：文字的"面"化
设计阐述：

1. 利用字体颜色对版面进行了不规则的布局划分。
2. 图片和紧密排列的不同颜色不同字体类别的文字段落形成了大大小小错落有致的"面"。

图2.50 国外杂志内页设计

版面构思：图片的"面"化
设计阐述：

1. 运用粗、细直线对版面进行了不规则的布局划分。
2. 大小不同的诸多图片构成了自由摆放的"面"。

2.1.3.2 "面"的形态

面的形态会根据面的形状和边缘的不同而产生很多变化。面主要有规则和不规则之分。规则的面会给人以规矩、清新、明确的感觉，不规则的面形态能使版面具有抽象化的艺术效果。

根据面构成原理的不同，可以将面分为几何形体的面、有机形体的面、偶然形体的面和自由形体的面。随着形态的变化，面所带来的视觉感受也随之改变。结合版面的主题需求选择相应的表现形态，从而使版面的表现结构与内容达到高度统一。

（1）规矩的几何面

几何面是指通过数学公式计算得来的面，如正方形、梯形、三角形、圆形等。其中，既有单纯直线构成的面（正方形、梯形、三角形），也有直线与曲线结合构成的面（圆形）。这些由不同公式及不同线形构成的几何面，不仅在视觉上拥有简洁而直观的表达能力，同时在组成结构上还具有强烈的协调感（图2.51）。

图2.51　Alejandro Ribadeneira海报

海报主题：南非的色彩
版面构思：物象的几何化
设计阐述：
1. 将不同颜色的几何面组合形成典型的动物造型，给人以多彩、生动、灵活的视觉体验。
2. 背景为明度较低的灰色，凸显了画面中部的动物造型。

在版式设计中，根据构成因素的不同，可以将几何图形划分为两种形态，一种是以纯曲线构成的曲面，常见的有圆形、椭圆形等。一般情况下，曲面能给人以严谨、规整的视觉印象。与此同时，通过加入曲面还能提高版面的亲和力，从而拉近读者与画面的距离（图2.52）。

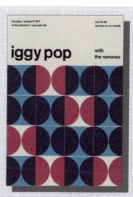

版面构思：圆形与正方形的组合排列
设计阐述：
1. 设计者选用几何曲面，通过规整的排列塑造了严谨的版面结构。
2. 运用明度和纯度不等的色彩将版面进行分割，形成几何曲面与几何直面的组合，增强了版面的层次感和空间感。

图2.52　Mike Joyce瑞士现代主义风格海报

另一种几何面主要由直线构成,因此也称为直面。常见的直面大多是数学中的一些几何图形,如正方形、三角形等。从直面的结构特征上来讲,它具有规整的外部轮廓和严谨的内部结构。将直面运用到版面设计中,能有效地提升版面的专业感和务实感(图2.53)。

图2.53 伊斯坦布尔国际平面设计周历届海报

版面构思: 规矩的长方形等距组合排列

设计阐述:

1. 设计者运用三个相同大小面积的色块等距排列形成版面主体,规矩的几何图形增强了画面的严谨感。

2. 在各个色块上为不同的信息文字段落,编排方式不同,但通过色块底部相同颜色大号字体的保留,给人以整体感。

(2)自然的有机形体

有机形体的面是指生活中那些自然形成或人工合成的物象形态,如植物、动物、机械和建筑等,因此也称为自然形体的面。由于有机形体的面与我们平时接触的许多事物都有相似之处,所以它有效地触发了读者的情感,并使其产生相应的联想(图2.54)。

图2.54 巴西最大零售企业Po de Aúcar广告

版面构思: 新鲜、自然有机形体的运用

设计阐述:

1. 巴西最大零售企业Po de Aúcar 的创意广告——"Everything you like, delivered at your doorstep. Simple, fast and safe." 你所爱的一切,我们都会送到你的家门口!简单、快捷、安全。

2. 将被保鲜膜包裹的水果、鱼等自然形态的物体放置在版面中央,有效地集中了读者的视线,突出了物体新鲜的形象。

3. 背景色来自于主体物的固有色,满版设计,更强调了主体物的新鲜、安全。

在平面构成中,通过对已知物体的形态进行具象化处理,使该物体的形得到最简单的概括和描述。与此同时,还获得了该物体的有机形态面。根据设计对象的不同,将有机形体的面划分为两种,一种是以人为合成的物体为设计目标,如电脑、高楼、汽车等,这些物体具有鲜明的时代感和代表性。另一种是以自然界中本身就存在的物体为设计目标,如人、花、鸟、虫、鱼等,通过对这些物体进行具象化处理,以构成该物体的有机形体面(图2.55)。

图2.55 第66届戛纳国际电影节官方海报

版面构思:著名人物形象的运用

设计阐述:

1. 第66届戛纳国际电影节在2013年5月举行。电影节官方海报日前曝光,已故美国男星保罗·纽曼与其遗孀乔安娜·伍德沃德以1963年影片《新恋爱经》中的经典颠倒接吻造型亮相。画面中央,已故好莱坞男星保罗·纽曼及其遗孀乔安娜·伍德沃德上下颠倒,深情拥吻。在表达缅怀之情的同时,两人的姿势也构成了一个抽象的"66",与第66届电影盛会巧妙呼应。

戛纳电影节官方网站表示,这样做不仅是表达对2008年辞世的保罗·纽曼的缅怀,同时也旨在纪念这位为电影事业做出突出贡献的男星与妻子之间的爱情。

保罗·纽曼与乔安娜·伍德沃德夫妻与戛纳电影节颇有渊源。1958年,两人主演的《漫长的炎夏》入围影展主竞赛单元,纽曼夺影帝。两人不久喜结连理。在1973年举办的第26届戛纳国际电影节上,乔安娜·伍德沃德凭《雏凤吟》夺影后,而该片导演正是丈夫保罗·纽曼。1987年,纽曼执导、主演的《玻璃动物园》入围影展主竞赛单元。

2. 人物四周放射状的线条也自然引导着读者的视线集中在版面中间的人物形象上。

在平面构成中，以自然元素为设计对象的有机形体面在视觉与内涵上均具有强烈的象征意义，如用猫、兔子唤起人们反皮草、保护动物的意识（图2.56和图2.57）。

图2.56　2012 DAF 国际大学生反对皮草设计大赛海报组获奖作品

作品主题：动物和人类原本一样美丽，而人类却为了凸显自己的美丽，肆无忌惮地残害其他生灵！这样的行为毫无人性，令人发指。

版面构思：动物与人类互换角色

设计阐述：

　　1. 作品虚构了一场"猫咪勇闯发布会，向人类讨回公道"的超现实情景。美艳的模特身穿粉红色猫毛皮草，在聚光灯下尽情地展示着自己的魅力。突然一只猫出现在自己面前，做苦苦哀求状，表情愤懑又绝望。这时，发现它背后还跟着三只小猫，驮着一幅遗像，相片里的猫咪十分漂亮，精致的面孔、楚楚可怜的神情，配上一身粉红色的皮毛，简直比模特还要明艳动人！这时你会明白，模特身上的皮草正是用这只猫咪的毛皮做的。

　　2. 对主题进行诠释的文字被放置在画面左上方，符合人们一般的阅读习惯，起到了引导视线的作用。

图2.57　台湾游明龙海报设计作品

版面构思：极简动物造型

设计阐述：

　　1. 通过极其简单的块面处理描绘出动物与人类不可取代的关系。

　　2. 黑白两色的对比使用，烘托了海报呼吁人们保护野生动物的主题。

（3）随机的偶然形体

所谓偶然形体面，是指通过人为或自然手段偶然形成的面形态。偶然形体的面没有固定的结构与形态，可以通过多种方式来得到偶然形体的面，如喷洒、腐蚀和熏烤等。在版面设计中，该类型的面往往能给人以强烈的随机感和生动感（图2.58）。

图2.58 迪拜自闭症中心公益平面广告

广告主题：探索出一条美丽的心灵
版面构思：偶然形体面的运用
设计阐述：

1. 通过对儿童自由、天马行空地对绘画和音乐的表达，打造出极强的视觉冲击力，引起读者心灵的共鸣。

2. 将人物形象缩小放置在画面左下角，与他们创作的绘画和音乐作品形成反差，有力地表达了主题。

在平面构成中，可以通过人为的手段来得到偶然形体的面，如将颜料随意地涂抹到纸上，把墨汁喷溅到画布上，或直接利用计算机软件直接合成液体喷洒的效果等。设计者利用这些非自然的创作手法，可以打造出面形态的随机性。除此之外，这些充满偶然性的面在视觉上还具有一定的艺术美感（图2.59）。

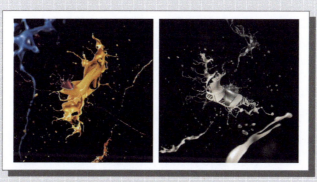

图2.59 Melissa "塑料之梦" 鞋子广告

版面构思：喷溅的色彩

设计阐述：

1. 来自鞋子品牌Melissa的一个非常令人震撼的平面广告，由巴西的设计师Big Studios创作设计。色彩绚丽而富有质感，喷溅的效果非常抓人。
2. 广告的主题物——鞋子放置在画面中央，有效地集中了读者视线。
3. 背景为满版面的黑色，突出了画面的高品质和艺术感。

除去人为的做法，生活中的一些自然现象也能拟造出充满偶然性的面形态。比如沙漠里风吹沙子形成的层层沙堆、雨滴入水面产生涟漪的效果。这些通过自然力量所构成的面形态，在结构上具有不可复制的意外性，能给读者留下深刻的印象（图2.60）。

图2.60　国外纸巾广告

版面构思：倾倒在桌面上的牛奶、饮料

设计阐述：

1. 倾倒在桌面上的牛奶、饮料在视觉上形成随机的偶然面块。瓶子与牛奶、被子与饮料形成向下45°自然地引导了读者的视线集中在手中的纸巾上。
2. 将倾倒在桌面上的牛奶、饮料形成随机的偶然面块当作画布，把卷握起来的纸巾在上面随意移动形成的清晰的、美妙的图案，反映出纸巾强大的吸水效果。

（4）灵活的自由形体

在版式设计中，可以通过两种途径来得到面的自由形态，一是对图像要素进行自由排列，通过物体间随性的空间关系来得到；二是运用手绘的方式直接得到。自由形态的面在视觉上时常给人以洒脱的印象，所以往往被应用到那些持有自由主题的杂志与报刊中。

在版式设计中，将版面中有关联的图像要素以密集的方式编排在一起，集中后的图像在整体结构上会形成一种不规则的面，从而获得具有自由效果的面形态；同时，利用该面化效果来打破呆板的版式结构，给人留下深刻的印象（图2.61）。

图2.61 Zoo Cologne科隆动物园宣传海报

海报主题：有朋自远方来，不亦乐乎
版面构思：可爱有趣的动物造型
设计阐述：

1. 没有比科隆动物园更会招呼客人的动物园了，也没有比科隆动物园的动物们更热情的朋友了。羊驼、企鹅已迫不及待亲自接机，拥挤在看台翘首企盼远方朋友的到来，真可谓有朋自远方来，不亦乐乎！瞧它们一个个精灵而又憨厚，无不让人爱怜，热情是否感染到了你？走，下一站，科隆动物园。

2. 将多个有机面元素集中组合放置在画面中央，构成自由、随意的自由形态面块。

另外，我们还可以通过纯手绘或软件制作的方式来得到面的自由形态。通过以上方式获得的面具有明显的插画效果，同时还具备独特的造型能力，并在表现形式上充满了个性化的色彩。由于自由形态面的规律性很弱，在制作该类面的形态时应确保其设计思路与版面主题吻合（图2.62）。

图2.62 "Elige Vivir Sano"系列海报

海报主题：近年来，肥胖已成为威胁人类健康的最大杀手。在智利，有67%的人口体重超标，肥胖患病率居全球第四。智利政府与联合国粮食组织共同开展了一个名为"Elige Vivir Sano"的公益活动，旨在鼓励人们改变不良饮食习惯，让运动进入生活。Lowe Porta-Chile公司为智利政府设计了系列海报。
版面构思：手绘的自由形态

设计阐述：

　　1. 将主体物拟人化处理，采用充满细节的电脑手绘风格，形成自由的、个性化的形态。玉米作为正义的化身将垃圾食品扑倒在地，运动鞋更是卯足了劲K.O.懒惰的拖鞋，主角形象犀利的神情和粗暴的动作刺激着观者的眼球。

　　2. 手绘风格配上跳跃鲜艳的色彩，使主体物得到强调。

2.1.3.3 "面"的表现

（1）面的性质

　　在平面构成中，根据形成方式的不同可以将面的性质划分为积极与消极两种。由于构成因素的不同，这两种面不仅在表现形式上存在着本质的区别，同时在情感表达上也存在着一定的差异性。

① 面的积极性

　　在平面构成中，将那些利用点或线元素的移动或放大所形成的面定义为积极的面，也被称为实面。实面的特征主要表现在能给人以充满整合感的视觉印象，并且与虚面相比，实面在情感表达上具有更强的诉求能力（图2.63）。

图2.63　雷士照明广告

广告主题：雷士照明，节能，很能。
版面构思：置中的块状物象
设计阐述：

　　1. 将玉米、柠檬嫁接为灯泡，由块状物体形成的实面在视觉上给读者以一种完整、稳重、积极的视觉感受。

　　2. 选取主体物色彩作为背景色，单调的背景色使主体物越加醒目突出。

② 面的消极性

在平面构成中，将那些由点或线元素聚集而形成的面定义为面的消极性，也被称为虚面。虚面主要由零散的元素组合构成，因此在视觉上往往给人以细腻感。此外，过分密集的面结构还能在视觉上产生厚重感，同时使读者产生压抑的心理，从而进一步对版面产生深刻的印象（图2.64）。

版面构思：不同颜色的几何面块构成虚面
设计阐述：

1. 画面中由多个选自主体人物身上不同颜色的几何面块构成虚面，也凸显了版面的精致细腻。结合运动员前倾奋力奔跑的姿势，让人联想到运动员风驰电掣的速度，运动饮料的强大能量。

2. 将运动饮料的图片去背处理放置在版面下部，形成了稳定的视觉印象。

图2.64　运动饮料广告海报设计

（2）面的组合

在版式设计中，可以将任意两种或两种以上的面形式安排到同一个画面中，以此将不同表现特色的构成形态融合在一起，从而使画面充满活力与激情。但当遇见一些特殊的题材时，如那些注重编排规范的政治类报刊，就应减少面形态的组合数量，以确保版面结构的整洁度（图2.65）。

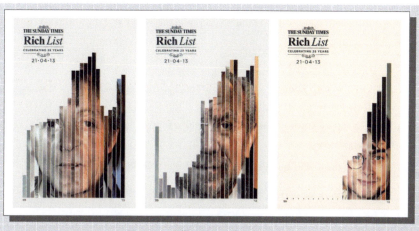

图2.65　星期日泰晤士报平面广告

版面构思：政治热点人物头像的重点处理

设计阐述：

1. 版面中的重点是政治热点人物头像，背景为空旷的浅色调，更加突出了主体。

2. 将人物头像用极细的直线分割形成相同粗细的线条，并将头像裁切掉不重要部分，打破了版面的规整，染了报纸内容的精彩。

3. 相关文字信息集中放置在左上角形成小的面块，与处于版面右下部的人物头像形成呼应，强化了版面的稳重。

为了使作品或刊物的版面不致显得太过单调与呆板，版式中的面形态通常都是以组合的方式呈现在我们眼前。该类别的组合编排不仅丰富了版式结构，同时还能使版面的表现形式得到拓展，并带给读者更加多元化的视觉效果（图2.66）。

图2.66　2013　One Show Design 海报类优胜奖作品

版面构思：面的组合

设计阐述：

1. 将不相关的两个人物动作形态进行有计划的裁切后拼合为一个新的整体人物形态，耐人寻味。

2. 将两个身体部位的动作形态分别以不同颜色的曲面为底色，在整体的画面中又各自得到了凸显。

3. 左上、右下的构图方式带给读者动感、个性的版面结构。

在我们所接触的出版物中，有些是以商务、校内和公益等元素为题材的，这些刊物给人的印象是严肃与拘谨。因此在设计这类刊物的版面时，会尽量减少版式中面的形态类型，以求塑造出版式结构的简洁与务实，从而增强版面信息的可读性和真实性（图2.67）。

图2.67　国外杂志版面布局设计

版面构思：单一的正方形板块形态

设计阐述：

1. 通过简洁的大小正方几何面，烘托出版面的规整、务实。
2. 通过对大小不一的几何面的编排，形成自由散漫的版面结构，使版面富有层次感。

2.2　文字的编排

在设计中，我们看到了色彩、插图、照片、文字等多项复杂的要素，当这些要素表达含义比较模糊的时候，文字就起到了重要的信息传达作用。但是文字并非客观的传达，而是表现出了情感。

作为版面设计中不可或缺的重要元素之一，不同的字体、字体大小和编排方式等都直接影响着版面的易读性和最终效果（图2.68）。

版面构思：字体形态的多样化

设计阐述：

1. 将版面中央不多的主题文字进行粗细、正反、规整与艺术等多样化的处理，使海报主题得以突出。

2. 自由散布着大小不一的几何面、自由面的背景增强了版面的空间感，与多样化的文字形态相呼应。

图2.68 塞尔维亚willerdesign海报

2.2.1 字体之间的编排

字体之间的搭配是有规则的，编排字体的主要目的在于传递信息的同时要确保画面的协调性。在对不同字体进行搭配时，应力求达到协调与阅读流畅。

2.2.1.1 中文字体的编排

中文字体属于方块字，具有字体的轮廓性。而且每个字元所占空间是相同的，限制较严格，如段落开头必须空两格、垂直文字必须从右往左等规则。这是一种非常工整的字体，因此灵活性相对较小、编排难度较大（图2.69和图2.70）。

版面构思：诙谐的画面，楷体行书主题文字

设计阐述：

1. 舌尖上的中国——利用面条、蔬菜配合中国画风格的垂钓者形象，诙谐地将独钓寒江雪的孤寂气氛表达成江雪垂钓美食的场景。

2. 版面右侧为竖向书写的楷体行书主题文字，给人以温和、舒适、平静的感觉。

图2.69 《舌尖上的中国》海报

版面构思：特殊的文化情结

设计阐述：

1. 将特定年代的图片黑白处理，满版布局，给人以浓郁的历史感，能够激发生活在相应年代的人的呼应。

2. 广告主题文字采用了简洁的粗黑体，刚正有力。

3. 该系列平面广告传承了红五星时代的意气风发，重温了酒桌上盟友的肝胆相照。广告画面个性鲜明，文案热血豪气。红星二锅头，不仅仅拥有其特有的酒桌文化，更是承载着一部分人对那个时代的深刻感怀，越是物资匮乏的年代里越是催生经久不衰的友谊，朋友之间来上一瓶，既是把酒，更是交心。

图2.70　红星二锅头广告

2.2.1.2　英文字体的编排

英文字体以流线型的方式存在，灵活性很强，能够根据版面需求灵活变化字体的形态，以改善版面僵硬、呆板的问题，并制作出丰富生动的版面效果（图2.71和图2.72）。

版面构思：英文字体的一束花处理

设计阐述：

1. 将灯泡排列形成版面中央的主题英文信息，立体化、艺术化的处理方式使主题信息得到视觉上的强化。

2. 主题英文字母的排列给人以向上的延伸感，使版面富有空间感。

3. 其他相关英文信息采用多种字体组合排列，丰富了版面。

图2.71　电影海报字体设计

版面构思：多种英文字体的组合排列

设计阐述：

1. 版面使用了多种风格的英文字体，富有变化却不繁乱，充分展示了英文字体灵活排列的特点。

2. 版面中央为松散折叠的飘带，文字信息排列于上，形成平行的结构，又给人以随风舞动的流畅、轻盈的感觉。

图2.72 星巴克海报

2.2.1.3 中英文字体的混合编排

在版面设计中，经常会遇到中英文对照的情况。中文字体的象形、会意等特征和英文字体的简单、图形化特征充分结合，展现出两种字体的优势。编排时应注意中文字体与英文字体的主次关系，以做到层次明确；而且还要注意字体的统一性，如果字体变化过多，容易造成版面的杂乱感（图2.73）。

版面构思：中英文字体的组合运用

设计阐述：

1. 配合影片宣传内容和针对的人群所在地区，以及版面中出现的国外卡通影片中主题角色和中国古建筑群，影片海报名称使用了中英文的组合。"蓝精灵"三字和相应的英文名称均使用了与角色相配的蓝色卡通字体，版面上方的中文释解则采用了规整的加粗黑体。

2. 蓝精灵站在城墙上远望，也引导着读者的视线，引起了读者对影片的兴趣。

图2.73 电影《蓝精灵》海报字体设计

2.2.1.4　设定文字的字体大小与距离

字体之间的搭配是有规则的，编排字体的主要目的在于传递信息的同时能确保画面的协调性。在对不同字体进行搭配时，应力求协调与阅读的流畅性（图2.74）。

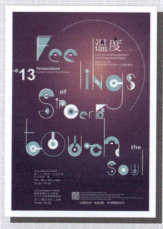

图2.74　2013年台湾各大设计院校毕业展海报

版面构思：中英文字体的组合运用

设计阐述：

1. 主题文字信息使用了中英文字体，英文为主，中文为辅，同时进行了艺术化处理，并自由零散排列，给人以灵动的视觉印象。

2. 其他海报相关信息也采用了中英文字体组合编排的形式，在字体大小和距离上给予不同的处理，使版面十分精致。

（1）印刷文字字体大小的规定

目前的字体大小标准包括号数制、点数制、级数制，其规格以正方形的汉字为准。号数制采用不成倍数的集中活字为标准，字体大小的标称数越小，字体越大，使用起来简单方便。使用时不需要考虑字体的实际尺寸，只要指定字体大小即可。但是因为字体大小之间没有统一的倍数关系，所以换算起来并不方便。

点数从英文"point"翻译而来，也叫作磅值，通过计算字体外形的点值来作为衡量的标准。

级数制是根据手动照排机上的镜头齿轮来控制字形的大小，每移动一齿为一级，并规定1级等于0.25mm，1mm等于4级（表2.1）。

表2.1　印刷文字字体大小的规定

号数	点	级数	mm	主要用途
初号	42	59	14.82	标题
小初	36	50	12.70	标题
一号	26	38	9.17	标题
小一	24	34	8.47	标题
二号	22	28	7.76	标题
小二	18	24	6.35	标题
三号	16	22	5.64	标题、公文正文
小三	15	21	5.29	标题、公文正文
四号	14	20	4.94	标题、公文正文
小四	12	18	4.23	标题、正文
五号	10.5	15	3.70	书刊报纸正文

（2）结合字体设定字体大小与字距

字体的大小决定着版面的层次关系。字距是指字与字之间的距离，字体面积越小，字距就越小；字体面积越大，字距就越大。如果字体较小且较粗，那就应该适当增加字距以方便阅读。即便用同样的字体大小，不同的字体大小及间距也是有所差别的。例如，较粗的字体即使字体不是很大，也能引起读者的注意，仅增加字距也能增强文字的注意度。因此，字体大小与字距的选择需要结合字体特点来考虑。

① 相同字体不同粗细（图2.75）

图2.75　国外杂志内页字体设计

版面构思：相同字体不同粗细

设计阐述：

1. 主题照片满版排布在左侧页面。
2. 右侧是满版面的文字信息，为避免阅读时的枯燥，对段落文字进行了粗、细相间排列。

② 不同字体不同行距（图2.76）

版面构思：不同字体不同行距

设计阐述：

1. 汽车图片放置在版面右下角位置，与左上角放大加粗的英文标题形成稳定的版面结构。

2. 对大篇幅的文字信息采用两种不同行距的字体，增强了版面的可读性。

3. 每个段落的首字母放大处理，形成了视觉重心，引导着读者阅读走向。

图2.76　国外杂志内页字体设计

（3）结合信息内容设定行距

　　行距指的是每两行文字之间的距离。行距的确定取决于文字内容的主要用途。如果文字的行距适当，则行与行之间的文字识别性高；如果行距过小，则行与行之间的连接较紧密，但是可读性会相对较低。一般情况下，标题的行距为标题的高度即可；目录的行距一般为文字高度的2～3倍，这样的层级分类比较清晰；正文的行距需要保持全文统一；介绍文字的行距则要根据具体内容而定。文字行距的巧妙留白，能够有效地烘托出版面的主题，使版面的布局清晰而有条理，疏密有致。英文的行距一般是字体大小的1倍以上；中文的行距通常为字体大小的1～1.5倍。其中，艺术类书刊可能达到2倍（英文行距一般是字体大小的1/3，即9pt字的行距为9+3=12pt；中文行距通常为字体大小的1/2～3/4，即9pt字的行距在13.5～16.5；艺术类书籍常常使用较小的字体和较大的行距。为产生鲜明的感觉，字距甚至会达到字体大小的2倍以上）（图2.77）。

版面构思：结合信息内容设定行距

设计阐述：

1. 根据信息所在层级的不同给予文字不同的字体大小和行距设置，层级越高，行距越宽。

2. 将不同内容的文字字体颜色进行区分，丰富了版面层次。

图2.77　布罗克豪斯百科全书信息图表

（4）根据段落调整段距

段距是指段与段之间的距离，包括与前段间距和与后段间距。段距可以让读者明确地看出一段文字的结束与另一段文字的开始。合理的段距能够缓解阅读整篇文章所产生的疲劳，一般的段距应该比行距更大一些（图2.78）。

图2.78　国外时尚杂志版式段距设计

版面构思：根据段落调整段距

设计阐述：

1. 左侧页面大篇幅文字密集编排，中间辅以黑色导引条引导读者视线走向。
2. 右侧页面各段落分散排布，标题字体与段落文字以大小区分，段距增大，形成一个个的面。
3. 左右两侧不同的段落段距设计使版面富有变化。

2.2.2　文字的对齐方式

文字的编排需要一定的对齐方式，以确保整体的统一和阅读方便。常用的对齐方式有靠左对齐、靠右对齐、对齐顶部边线、对齐底部边线、对齐水平置中、对齐垂直置中等。

（1）文字段落左右均齐

文字从左端到右端的长度均齐，字群显得端整、严谨、美观，此排列方式是目前书籍、报刊最常用的一种。

当处理文字信息较多的版面时，就可以考虑使用左右均齐的文字排列方式。将大量文字以该方式排列在版面中，利用规整的布局样式使画面整体显得平静舒缓。通过左右均齐的排列方式来减轻大篇幅文字带来的心理压抑，从而增强读者对版面的感知兴趣（图2.79）。

图2.79　国外杂志版面设计

版面构思： 文字段落左右均齐

设计阐述：

1. 正文以左右均齐的方式进行排版，版面表现出整齐、干净的视觉效果。
2. 相关图片分别放置在文档左右两侧，使版面更加具有平衡感。
3. 文章题目使用粗号字体斜线布置在版面上部，背景图片经过裁切，黑白色调使标题得以凸显，打造出极具设计感的版面。

当版面中的文字量处于较少的状态时，同样可以将它们以左右均齐的方式进行排列。通过该种方式可以使文字段落呈现出端正的编排结构，从而增添版面局部的严谨性，同时使版式整体呈现出自然、和谐的一面（图2.80）。

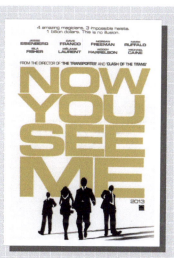

版面构思： 文字段落左右均齐

设计阐述：

1. 将影片名称、演职人员名字等相关简洁的内容以左右均齐的方式进行排版，打造出严谨的版面效果。
2. 人物形象以黑白剪影的形式放置在版面下部，和版面的整体风格一致。辅以阴影，活化了人物，增强了层次感。

图2.80　国外影片海报设计

（2）文字齐左/齐右排列

左或右对齐，行首或行尾自然产生一条清晰的垂直线，在与图形的配合上容易协调和取得同一视点。齐左显得自然，齐右不符合心理习惯，齐右显得新颖。

齐左或齐右的排列方式有紧有松，有虚有实，能够自由呼吸，飘逸又有节奏感。

① 齐左

齐左排列是指将每段文字的首行与尾行进行左对齐，同时右侧则呈现出错位的效果。该类排列方式在结构上与人们的阅读习惯相符，因而能使读者在浏览时感受到轻松与自然（图2.81）。

图2.81　Come into one 和合海报设计

版面构思：文字齐左

设计阐述：

1. 将表达主题的"和""合"二字图形化、艺术化、放大放置在版面中央，给人以很强的视觉冲击力。

2. 其他所有文字信息采用左对齐的方式，使松散的文字段落整体化，打造出舒适的阅读空间。

② 齐右

齐右排列是指将每段文字首行与尾行的右侧进行对齐排列，同时左侧则呈现出参差不齐的状态。齐右与齐左是两组完全对立的排列方式，而且它们在结构与形式上各具特色。由于齐右排列有违人们的阅读习惯，因此该类排列在视觉上总会给人以不顺遂的印象，但也同时为版面增添了几分新颖的效果（图2.82）。

版面构思：文字齐右

设计阐述：

1. 将字数不多的说明文字以右对齐的方式排列，打造出不一样的版面结构，强化了版面的形式感。

2. 将版面中心的图形以不规则的斑马线排列组合成型，红色的线条使图片给人以幻化的视错觉。

3. 版面巧妙地利用了纯白底色，使用红、黑两色营造出丰富的、重点突出的结构层次。

图2.82　国外海报设计

（3）文字居中对齐

以中心为轴线，两端字距相等。其特点是视线更集中，中心更突出，整体性更强。文字的中线最好与图片的中线对齐，以取得版面统一。

在进行文字的居中排列时，也可以将版面中其他视觉要素纳入文字段落的阵列中。比如将版面中的图形与文字均以居中的方式进行排列，通过这种方式来统一画面的版式结构，并使版式体现出强烈的和谐感（图2.83）。

版面构思：文字居中对齐

设计阐述：

1. 设计者将版面上的所有文字垂直居中对齐排列，令读者视线集中，版面效果强烈。

2. 文字根据重要程度采用了大小不一的字号，提升了版面的灵活和跃动性。

3. 文字与铁链、人物形成的竖向虚线与地面形成的虚拟水平线构成了十字视觉重心。

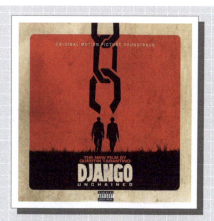

图2.83　影片《被解放的姜戈》海报

（4）首字突出

在版式设计中，可以通过突出段落首字来强调该段文字在版面中的重要性，同时吸引读者的视线以完成信息的传达。在实际的设计过程中，通常以艺术加工的方式来突出首字的视觉形象,如通过配色关系、外形特征和大小比例等(图2.84)。

版面构思:首字突出

设计阐述:

1. 将标题与段落的首字母进行放大处理,使版面整体的注目度得到大大提高,能有效地引发读者的感知兴趣。

2. 对标题及各段落采用不同的行距设置,营造出灵活的结构。

3. 左侧页面图片满版布置,突出了画面的细腻性。

图2.84 国外书籍版面设计

标题的首字突出,从视觉意义上讲能增强该段文字的视觉凝聚力。由于标题本身就是版面中最为醒目的视觉要素之一,将该段文字的首写文字进行强化处理,能使版面整体的注目度得到大大提高,并引发读者的感知兴趣。

在信息量较多的版面中,为避免文字数量过多而降低版式结构的整体性,通常会选用字号较小的文字。由于字号普遍较小,致使版面呈现出密密麻麻的效果,此时可以采用段落首字突出的方式来点亮整个版式,同时将读者的视线牵引到该段文字上(图2.85)。

版面构思:首字突出

设计阐述:

1. 将正文的首字字母进行放大处理,也进行了颜色的区分,强调了该篇文字信息的重要性。

2. 正文采用了文字齐左的排版方式。左页中标题文字进行了图形化,相关段落采用文字齐右的排方方式,用与正文首字字母颜色一致的底色凸显重要的段落,提高了文字信息的传达效率。

图2.85 国外书籍版面设计

（5）文字绕图

将去底图片插入文字版中，文字直接绕到图形边缘，此手法给人亲切、自然、融洽、生动之感，是文学作品中最常见的表现形式（图2.86）。

图2.86　荷兰Rafael Stahelin时尚女装杂志封面

报刊、杂志和网页等元素在版面中含有大量的文字信息。在这类素材中运用文字绕图的排列方式可提升版面整体的趣味性，不仅能有效地减轻文字版面所带来的枯燥感，同时还能增强图形与文字的视觉表现力（图2.87）。

版面构思：文字绕图

设计阐述：

1. 利用文字绕图的编排方式增强了版面中图片与文字的互动性。

2. 将动感的一组运动人物元素围绕篮球这一物体元素放置在版面中央，形成了视觉重心，以激发读者阅读兴趣。

图2.87　迪拜海湾新闻报纸版式设计

在进行文字绕图编排时，应考虑编排形式与版面主题是否相符，以免错误的文字排列影响整个版面的情感表达，从而传递给读者一个不准确的信息，或破坏他们的感知兴趣（图2.88）。

版面构思：文字绕图

设计阐述：

1. 根据版面主题的要求，将文字以密集的形式排列在树叶剪影的周围，构成树叶阴影的形态，版面空间感更强。
2. 文字的编排方向自由，不拘一格。
3. 低明度的色调使版面十分雅致。

图2.88　国外书籍版面设计

（6）齐上对齐

将文字以竖直的走向进行排列，同时还要确保每段的首个文字在水平线上对齐。通过该种排列手法，可以打造出文字的齐上对齐效果（图2.89）。

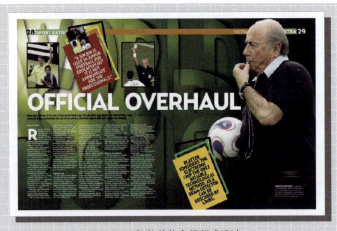

图2.89　阿拉伯体育报版式设计

版面构思：文字齐上对齐

设计阐述：

1. 正文字体齐上对齐，版面结构整齐规整。
2. 首字母放大处理，强调了该段落的重要性。
3. 右页裁判员形象被放大，得以凸显，视线起到引导读者的作用。

在我国的古代文献中，大多数文字都是以齐上的方式进行排列的（图2.90）。

图2.90　唐朝著名书法家柳公权作品欣赏《玄秘塔碑》

但今天，这样的编排方式已经非常少见了。因此当将齐上式的文字排列运用到版式设计中时，就会使版面呈现出与时代不符的视觉氛围，从而留给读者一种独特的版式印象（图2.91）。

版面构思： 不同字体不同行距

设计阐述：

1. 设计者通过充满民族特色的书法字体强调了楼书的主题思想。

2. 将文字以齐上对齐的方式排列，有效地迎合了以中国古典元素为表达元素的版面设计。

3. 版面图像选用了极具中国特色的荷花，起到了渲染和烘托主题的作用。

图2.91　地产楼书设计

2.2.3　文字编排的要点

在版式设计中，文字是版面进行信息传播的主要枢纽，通过文字阐述能够帮助读者理解画面的主题。除此之外，文字的编排样式还会影响画面整体的视觉氛围，合理的文字编排能增强画面的可读性和美观性。因此为了设计出更好的版式作品，应当遵循以下4项基本原则，即识别性、易读性、准确性和艺术性。

2.2.3.1 识别性

为了赋予文字以强烈的识别性，设计者通常会根据版式主题的需要对文字本身及排列方式进行艺术化处理，利用这种手段来提升文字段落在版面中的视觉形象，从而吸引读者的视线，促使版面整体给他们留下深刻的印象（图2.92）。

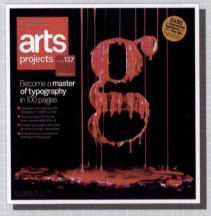

图2.92 "arts"杂志封面设计

版面构思：独特的艺术效果使文字易于识别

设计阐述：

1. 设计者对字母进行了放大处理并作为主要元素放置在版面中央，构成了视觉重心。
2. 字母采用经过蜡油浇淋后形成独特的艺术效果。

通过对文字的结构与笔画进行艺术化处理，使文字表现出个性的视觉效果。常见的处理方法有拉伸文字的长度、将文字进行扭曲化表现等。在版式设计中，带利用奇特的文字设计来冲击读者的视觉神经，从而提高文字与版面的辨识度（图2.93）。

图2.93 伊斯坦布尔国际平面设计周历届海报

版面构思：对文字进行扭曲化表现

设计阐述：

1. 设计者对文字进行扭曲化处理，形成了独具一格的字体形态。
2. 浅灰色的背景色与红色的字体颜色在配色上形成强烈对比，凸显了文字。

2.2.3.2 易读性

在文字的编排设计中，应确保字体结构的清晰度，以便读者在浏览时能轻易地识别版面中的文字信息。除了字体的形态外，能够影响文字易读性的因素主要有3个，即文字的字号、字间距和行间距。

（1）字号

字号也称号数制，简单来讲，就是指文字的大小。字号越大，文字就会显得越大，文字的清晰度与易读性就会得到同步提高；相反，字号越小，文字就会变得越小，文字的辨识度与易读性也会相应降低。通常情况下，应根据版面的主题需要来决定文字的大小（图2.94）。

图2.94　日本节电宣传海报

版面构思：合适的字号构成版面的易读性

设计阐述：

1. 设计者采用偏大的文字字号，利用清晰的字号大小增强了文字的易读性。
2. 将文字满版排列，有力地传达了海报的主题思想。
3. 赋予关键的文字以单一的色彩，与背景色形成了强烈的对比。

（2）字间距

字间距是指段落中单个文字之间的距离。通过控制该距离的大小，使画面表现出舒缓或紧凑的视觉格调。在文字的编排设计中，为了凸显文字的易读性，通常会在文字过多的版面中采用大比例的字间距，而在文字较少的版面中采用小比例的字间距（图2.95）。

图2.95 美国纽约州水牛城新闻报版式

版面构思：合适的字间距构成版面的易读性

设 计 阐 述：

1. 设计者将主体图片放置在版面上方，通过大篇幅的图片面积起到有效吸引读者的作用。

2. 给标题文字适当的字间距，使版面呈现平缓的节奏，以便读者阅读。

（3）行间距

行间距是指版面中行与行之间的文字距离。行间距的宽窄是版式中较难操控的数值之一，这是因为当行间距过窄时，会使邻近的文字在布局上干扰对方，甚至影响主题的传达效力；当行间距过宽时，会造成文字行列间的距离感，并破坏文字段落的整体性。因此掌握行间距的设置规律，将有助于创作出更加优秀的版式作品（图2.96）。

图2.96 国外杂志内页设计

版面构思：合适的行间距构成版面的易读性

设 计 阐 述：

1. 巧妙利用散乱的便签纸的形态元素形成合适的行间距，打造出轻松的版面结构。

2. 图片与写满文字段落的便签纸的交错排列，形成面与面自由形态组合。

2.2.3.3 准确性

版式中的文字设计，其准确性主要体现在两个方面，一是字面意思与中心主题的吻合，只有当阐述的内容与主题吻合时才能达到传播信息的目的；二是文字排列与版面整体的风格要搭调，简单来讲，就是文字的编排设计要符合版面中的图形及配色（图2.97）。

版面构思：文字用色的准确

设计阐述：

1. 用树叶、图片、文字等元素构成多彩的蝴蝶形态，准确地表达了影片主题。

2. 将影片名称字体色彩化，字体形态也圆润化，与版面其他元素相呼应。

3. 影片名称文字间距比较疏散，可方便读者通过阅读了解影片主题。

图2.97　国外电影海报

对于一则平面设计作品来讲，文字主要起着说明主题信息的作用，读者也是通过文字来加深对该主题的印象的。因此，文字内容的准确性是进行文字编排时所必须遵守的一项基本原则（图2.98）。

海报主题：吃了这样的糖果,MJ战栗了。

版面构思：准确的字体对主题的烘托

设计阐述：

1. 该糖果海报使用迈克尔·杰克逊的卡通造型，营造出版面的欢乐气氛。

2. 版面上半部放大的卡通字体起到了有效传递主题信息的作用，加深了读者对该糖果主题的印象。

3. 顶部的倒三角色块引导读者的视线下移至文字信息和图片上。

图2.98　MJ's Cereal 糖果海报

在进行文字的编排设计时，为了使文字段落能准确地反映版面的主题思想，还应要求文字的编排样式与画面整体在设计风格上要有连贯性。通过遵守该编排原则，赋予版面以和谐的视觉效果（图2.99）。

图2.99 《现代广告》杂志写实主义广告

版面构思： 风格统一的字体与画面

设计阐述：

1. 《现代广告》杂志的这几则广告，重在诉求"现代"的好。无论是南方VS北方、中国VS国际还是传统VS前卫，《现代广告》无所不包，技有所长。
2. 黑白照片摄取寻常的生活片段，具有强烈的写实风格，如今看来同样让人印象颇深。
3. 白板上手写的黑色毛笔字体，与画面整体在设计风格上得到了统一。

对文字排列进行设计与改造，同样能提高文字在版面中的识别性。在文字的编排设计中，将文字以独特的方式进行排列，以打破常规的版式布局，从而带给读者新颖感（图2.100）。

图2.100 香港某翻译笔平面广告

版面构思： 经过设计与改造的文字排列

设计阐述：

1. 设计者通过对英文字体的排列和改变，将原英文单词与翻译后的中文词义巧妙和完美地衔接在一起，只见英文便知其义，简单明了地说明翻译笔的强大功能，堪称一绝。
2. 将文字放置在版面正中央，形成了视觉重心。

2.2.3.4 艺术性

所谓艺术性，是指在进行文字编排时，应将美化目标对象的样式作为设计原则。在版式设计中，可以通过夸张、比喻等表现手法来赋予单个字体或整段文字以艺术化的视觉效果；同时打破呆板的版式结构，以加深读者对画面信息的印象（图2.101）。

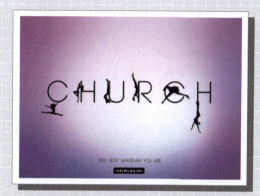

广告主题：无论你身在何处，都带给你性感的感觉。

版面构思：文字的艺术化

设计阐述：

  1. 将代表不同场合的英文单词字体元素放置在版面中央，使主题表达干脆利落。

  2. 英文单词字体细直化处理，将女性钢管舞的各种形态剪影巧妙地与英文字体结合，形象地传达了广告主题。

  3. 背景色选用典型的女性色彩——粉色和紫色，将版面氛围烘托得淋漓尽致。

图2.101　Intimissimi平面广告

在版式的文字设计中，将个别文字进行艺术化处理，使版面局部的表现力得到加强；同时让读者感到眼前一亮，并对该段信息产生强烈的感知兴趣。通过这种表手法，使局部文字的可读性得到巩固，从而进一步提高了整体信息的传播效率（图2.102）。

图2.102　日本电影《起风了》海报

海报主题：《起风了》（日语：风立ちぬ）是宫崎骏以同名人气漫画所改编的动画电影。讲述的是零式战机的开发者、日本航空之父堀越二郎年轻时的故事。电影已于2013年7月20日在日本上映，且一经上映便拿下了日本电影票房冠军。

版面构思：手写字体的艺术感

设计阐述：

1. 设计者在版面中央放置了手写的黑体文字，利用手写字体自然流畅的形式来提升整体版面的艺术性和真实感。
2. 电影海报延续小说的漫画风格。
3. 版面中人物远眺，引导读者的阅读视线。

除此之外，还可以在段落的排列与组合上体现文字编排的艺术性。在实际的设计过程中，可以为编排加入一些具有意蕴美的元素，如具象化的图形元素、有传统韵味的象征性图形等。通过这些视觉元素的内在意义来提升文字编排的视觉深度，使版面整体流露出艺术化的氛围与气息（图2.103）。

版面构思：文字的形态化

设计阐述：

1. 将手写字体的文字以自由曲线的形态排列组合形成小提琴的形态，与画面中人物的手指弹奏乐器的姿势有机融合，明确地传达了海报主题。
2. 版面黑色色调的处理，给人以舒缓、安谧的感觉。

图2.103 国外音乐海报设计

2.2.4 文字与意象

文字原本是为了人类的沟通而创造出来的，因为有事情需要交流，才会留下文字。而人们在自己阅读时，除了文章内容之外，还有文字的形状、线条的强弱、文字周边的图画等视觉信息，这些意象让人的直觉无意识地获得并刻印在心中。

2.2.4.1 高级感和传统感

一般来说，使用西方语系字体时，衬线体会比无衬线体来得有格调（图2.104）。

Luck
luck

图2.104　上（衬线体），下（无衬线体）

而就东方语系字体来说，宋体感觉比黑体高雅（图2.105）。最主要的原因是衬线体和宋体比无衬线体和黑体历史更为悠久，并长期为人们所使用。

家庭

家庭

图2.105　上（宋体），下（黑体）

从铅字印刷时代便用在印刷上的衬线体和宋体，会很自然地给读者一种"传统""正统"和"高格调"的印象。若是更进一步，采用历史久远、类似手写字体的文字设计，则能呈现出更强烈的传统感和高级感（图2.106）。

云对雨　雪对风

图2.106　类似手写字体的文字

此外，想要呈现出高级感，别忘了在文字周边的"留白"以及文字的"颜色"上多加留意。尽管选用传统的字体设计，但若是将许多文字挤进狭窄的空间中，会使每个字周边的留白变小，失去应有的高级感。

让字周围有舒展的空间，字号不显得过大，这点非常重要。

字的颜色尽可能选用近乎无彩色（如灰色）、不会给人鲜艳感的颜色为佳。特别是与背景搭配时，文字若能加上清楚的亮度对比，便能给人更强烈的信赖感（图2.107）。

图2.107　文字加上亮度对比

如图2.108所示这份广告的重点，位于右上角手写体字的广告标语，能让人感受到细腻的情感。这部分若是改成黑体，就会变得带有说明性的意味，高级感大打折扣。

图2.108　右上角手写体字的广告标语让人感受到细腻的情感

2.2.4.2　亲近感与柔和感

不论在自然界还是人工制成的物品，圆滑的形状则以安全、无害的居多，所以给人以"安心感""容易亲近"的印象。

文字也有同样的心理作用，线条纤细、前端尖锐的直线形文字，给人以危险、难以靠近的印象；而线条粗大、前端浑圆的文字，则给人容易亲近、柔和或是可爱的印象；更进一步来说，采用类似手写字的随兴字体，更能够加深这样的印象（图2.109）。

云对雨 雪对风
（a）线条纤细、前端尖锐的直线形文字给人以危险、难以靠近的印象

云对雨 雪对风
（b）线条粗大、前端浑圆的文字给人容易亲近、柔和或是可爱的印象

云对雨 雪对风
（c）类似手写字的随兴字体给人亲近、可爱的形象更加强烈

图2.109　不同字体带来不同的心理感受

下面这幅海报包含了这三种给人不同心理感受的字体，错落有致，重点突出（图2.110）。

版面构思：不同的字体和大小使海报内容轻重有别，错落有致

设计阐述：

1. 设计者对海报宣传的主题采用特大号字体，并对线条作艺术化处理，作为主要元素放置在版面中上，构成视觉重心。

2. 根据所要传达信息重要性大小采取不同的字体和大小，不同信息之间用不同粗细和数量的直线条隔离开来，有条有理，文字虽多，但阅读起来却给人十分轻松的感觉。

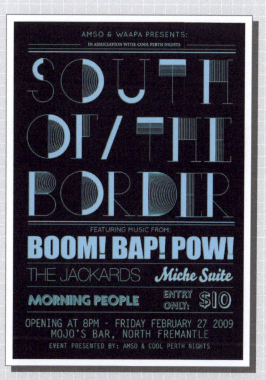

图2.110　海报设计

2.2.4.3 未来性与先进性

在工业产品、流行音乐等领域，大多会要求呈现出先进、崭新或精致的意象。要以文字来呈现这样的意象，可分为两个阶段。第一阶段是选用尽可能排除装饰要素的文字。文字的构成要素越简单，有生命力的印象越淡，抽象感越强，因而呈现出一种现代感。在西方语系字体中，无衬线体的线条形状比衬线体更简单；在东方语系字体中，则是黑体的线条形状比宋体简单（图2.111）。

想进一步让人有科技感，得在第二个阶段将文字变得更简单，呈现"图形化"（图2.112）。

文字越是图形化，越难当做"文字"来阅读（图2.113）。尽管用在LOGO和形象广告的文字宣传中没什么问题，但商品名称或正文需要的是易读的文字，因此不适合使用。

图 2.111　黑体的线条形状比宋体简单

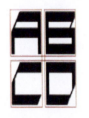

图 2.112　呈现"图形化"的文字给人科技感

图 2.113　海报设计

版面构思：文字的图形化

设计阐述：

1. 设计者对海报宣传的主题文字进行图形化处理，给人轻松活泼的感觉，吸引读者的关注。

2. 版面底色淡雅，文字根据内容传达的重要性才用了黑色和蓝色两种，重点突出，轻重有别，十分利落干净。

此外，想要营造出充满先进、未来感的意象，适合使用黑色或灰色这一类的无彩色（图2.114）。红蓝等颜色，只适合用在重点部位上，其他部分则要减少色彩的使用。

2.2.4.4 华丽感与装饰性

原本文字只是"供人阅读"的，但从18世纪后半叶开始人们不断提高其装饰性。目的很明显，就是要吸引人们的目光，希望文字部分的设计与其他商品或店家有所区别。从这时起，随着文字功能性的提升，其设计性也逐渐受到重视。

这样的文字设计，被称为"幻想系"。吸引人目光的幻想系文字，在重视意象的现代，是不可或缺的一种文字设计方法。

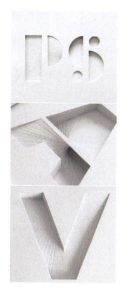

图2.114 无彩色字体给人先进和未来感

使用幻想系的文字时，要注意它的"可读性"。装饰性越高，意象的力道越强，越会折损它的易读性（图2.115）。特别是用在长篇文章中，会让读者感到视觉疲劳，难以传达其中的内容。最好只用在重点的某几个字，或是就算看不懂也无所谓的部分。

图2.115 海报设计

2.2.4.5 怀旧与复古

图2.116 上（罗马体），下（哥特体）

图2.117 装饰性高的文字（上），曲线式文字（下）

图2.118 19世纪后半叶起的文字设计给人新潮的印象

图2.119 "新文字艺术"的风潮

如同插画与照片的质感有其流行性一样，文字也要有符合时代需求的设计。为了采用怀旧的文字设计，得事先了解那个时代的文化特色。巧妙掌握流行的走向，转变成设计的特色，便可借此重现充满怀旧感的平面视觉。

在西方的历史中，以古罗马时代的文字"罗马体"以及哥特体样式（人称"黑字体"的文字）设计最为古老，但要用这些字体来营造"怀旧"的氛围，却又感觉严肃了些。如图2.116所示，罗马体（上）是从古罗马时代便一直沿用至今的一种古典设计文字。哥特体（下）是由钢笔的草写体演化而来，给人又黑又重印象的一种文字。

从18世纪的洛可可时期到19世纪维多利亚时期，增加了许多文字设计的种类，也制作了不少吸引人目光的精心装饰。如图2.117所示，维多利亚时期的英国，其装饰性高的文字设计常运用在海报上，18世纪末期，则流行新艺术的曲线式设计。

从19世纪后半叶起，使用的文字设计也转为给人新潮的印象。与现代的文字相比，这样的设计略微柔和，有较多的游戏意味（图2.118）。

不久，东方也在这种文化的影响下，流行起装饰文字。在19世纪末期兴起一股"新文字艺术"的风潮，从这个时代开始，文字设计便与现代没有多大的差异了（图2.119）。

2.2.4.6 严谨感与信赖感

原本文字不具有设计性，只是传递"信息"的道具。传递的"信息"有时也会有误，也有满口胡诌或是骗人的信息。现代人不只是通过书籍和报纸，也必须从充斥电视和网页的众多信息中，挑选值得信赖的内容。

用来提高"信赖感"的文字设计，在东方语系文字方面，历史悠久的宋体比黑体更适合。像字典和报纸这一类想让信息维持客观性的印刷品，几乎都采用宋体。

此外，在排版的时候特别留意，要将版面配置得宽松、易读。字距过近或是文字在版面上显得过大，都会给人杂乱的印象，容易使人对内容信赖度大打折扣。采用的文字颜色，要避免粉红和黄色这类鲜明的颜色，以白底黑字、蓝底白字等清楚且带有强弱的配色较为适合。

2.2.4.7 自然感与手工感

计算机字体、照相排版、铅字印刷等经常使用的文字，在设计上都被修饰得端庄好看、容易阅读；但相反地，它们却不适合用来传达自然感和手工感。

要以文字来呈现自然感和手工感，就要尽可能挑选圆滑的设计，在搭配时，文字之间的空间要宽松些（图2.120）。

GOOD LUCK

图2.120　圆滑的字体呈现自然感和手感

再者，对每个字的大小和角度进行微调，赋予变化，这样能给人更自然的印象。不过，这个方法得控制在肉眼看不出有更大变化的程度内（图2.121）。

图2.121　对圆滑的字体进行微调给人更加自然的印象

近年来，人们崇尚自然，所以也开发出一些看似手写字的计算机字体。如"童童体"（图2.122），省略文字笔画，加上爱心符号等的设计；或是像用毛笔或钢笔写成，气势十足的设计，各种五花八门的文字设计都有，可以随想要的意象挑选（图2.123）。

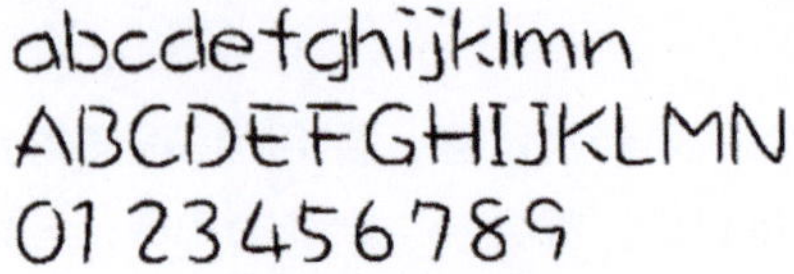

图2.122　童童体

图2.123　像用毛笔或钢笔写成的字体

要呈现更自然的印象，文字的质感（素材感）也需要注意（图2.124），颜色避免选用过于鲜明的色彩，尽可能降低与背景色的落差。让人联想到花草的绿色和黄色，或让人感觉到天空和水的蓝色，表现白云与清洁感的白色，这些搭配都很适合。

图2.124　自然的文字避免选用过于鲜明的色彩

2.3　图片的编排

作为版面设计中的重要元素之一，图片比文字更能吸引读者的注意力，不但能直接、形象地传递信息，还能使读者从中获得美的感受。因此，图片的编排方式对版面效果具有至关重要的作用。

2.3.1 图片的大小及位置关系

图片的大小及位置关系将直接影响信息传递的先后顺序，这也是图片分类的一个标准。我们可以根据突破的功能及内容来确定图片的大小及编排位置，以有效地传递信息。

2.3.1.1 角版图片

角版图片又称方形图片，在外形上呈现出正方形或矩形的样子，大多由摄影器材拍摄所得。角版图形是我们生活中最常见的一种图片形式，它拥有规整的外形结构，并能维持版面结构的平衡关系，因此常被运用到书刊、杂志等商业领域。

在版式设计中，将规格不同的角版图形投放到同一个版面中，利用图片在外形上的对比关系来增添版面的变化效果，并进一步打破呆板的版式格局，从而提高读者对版面的感知兴趣（图2.125）。

海报主题：Let them rest in peace。虽说一千个人眼里就有一千个哈姆雷特，一个爱因斯坦、玛丽莲·梦露在创意者眼里就有一千种演绎，但总是以这几张面孔去诠释林林总总的商品，反倒稀释了他们本来的光环效应。名人总是被用来用去也很累的，所以还是让迈阿密广告学院帮你另辟蹊径，让名人们安息吧——洞察到位，平面更是一针见血。

版面构思：不同大小角版图片的组合

设计阐述：

1. 左边两幅图片中的任意一幅通过不同尺寸大小的人物表情图片的排列组合，表达出了所要针对的完全不同的产品和服务，但使用的是相同的人物图片：阿尔伯特·爱因斯坦和玛丽莲·梦露。

2. 版面的暗色调迎合了海报的主题——Let them rest in peace，让他们安息吧。

图2.125　迈阿密广告学院宣传海报

由于角版图片具备简洁的外形，因此它能极大限度地突出图片中的视觉信息。在版式的编排设计中，为了进一步强调图片的内容，我们将外形完全相同的角版图形组合在一起，以规整的形式编排到版面中，利用整齐且直观的编排方式来提升画面的统一感（图2.126）。

图2.126　2012温布尔登网球公开赛官方海报

版面构思：规整角版图片的编排

设计阐述：

1. 将尺寸相同大小的角版图片规整地排列在版面中，以打造出规范严谨的版式结构。

2. 每张图片中网球的动作状态各异，给人以有趣、活泼的感觉。

3. 简洁的配色营造出干净的画面效果。

2.3.1.2　图版率

所谓图版率，就是指版面中图片与文字在面积上的比例。图版率的高低由版面中图片的实际面积所决定。通常情况下，会根据设计对象的需求来设定该页的图版率。

除此之外，图版率还是影响版面视觉效果的重要因素。利用图版率来调节文字与图片的空间关系，通过不同的组合方式可以使画面表达出相应的主题情感。

随着生活节奏的不断加快，人们的阅读时间变得越来越少。因此在繁多的版式作品中，那些文字少、图版率高的作品往往能最先引起读者的阅读兴趣；然而，并不是所有的版式作品都以高图版率为设计目标，如那些以文字为主要表达对象的版面，其图版率就显得相对较低。

所谓高图版率，就是指版面中的图片占据了大量面积，成为画面的主导元素。在高图版率的版面中，文字信息变得相对较少。而大篇幅的图片要素能在视觉上给人们呈现更多的内容与信息，并使其感受到一种阅读的活力。通过这种编排手法，能有效地增强版面的传播效力（图2.127）。

海报主题：尽管从早晨凉爽的清风中已可见秋意渐浓，但夏日的余热仍然不甘败退、占据着白天的大部分时间，因而冰淇淋仍是白天极佳的零食伴侣。左图为巴西工作室Renata El Dib为和路雪制作的一款冰淇淋海报。

版面构思：高图版率图片

设计阐述：

    1. 图片占据了版面大量的面积，形成画面的主导元素，有效地增强了版面信息的传播效力。

    2. 巧妙地利用纸张边角卷翘形成的形状与正面的图片完美结合，模拟出圆筒冰淇淋的视觉效果，将海报宣传的主体展示无遗，足以让路人对之垂涎欲滴。

图2.127　和路雪冰淇淋海报

　　低图版率就是指图片在版面中占据的面积相对较少，此时文字内容自然就变得丰富起来。在低图版率的版面中，读者将面对大量的文字信息，而此时图片在版面中起到的作用就是调节。通过少量的图片内容来丰富版式的结构，从而避免过多的文字信息在视觉上给人们以疲劳感（图2.128）。

版面构思：高图版率图片

设计阐述：

    1. 占据版面大部分面积的段落文字使版面给人以丰满的感觉。

    2. 以两张代表性图片丰富了版面元素，活跃了版面，不致使过多的文字信息给人以疲劳感。

图2.128　国外书籍版式设计

　　所谓适中的图版率，简单来讲就是在同一版面中，图片与文字要素在面积比例上呈现出1∶1的情况。需要注意的是，这种等量比例是相对的。在这类版面中，利用文字与图片在面积比例上的等量关系来维持版式结构的均衡感，使两者均得到有效的强调（图2.129）。

版面构思：1∶1的文字与图片

设计阐述：

1. 1∶1的文字与图片排版，给予版式结构以均衡感。

2. 左页满版的鹦鹉图片，出色的色彩细节，极好地渲染了主题。

图2.129 国外书籍版式设计

2.3.1.3 出血图片

出血线即印刷术语中的"出血位"，它的作用主要表现为在进行成品裁剪时，通过将版面中的有效信息安排在出血线内，确保色彩覆盖了版面中所有要表达的区域。除此之外，还可以利用印刷中的出血线来进行创作，以此打造出具有独特魅力的版式效果。

出血线的标准是经过紧密计算得来的。在印刷中，不同规格的纸张有着不同的出血标准。对图片进行标准的出血剪裁，去除多余部分的图片，可将有价值的视觉信息保留在版面中，可提升图片要素的表现力（图2.130）。

广告主题：钢丝一样的头发、扫帚一样的头发，从来没有吸引力，来试试CANIPEC护发素吧！

版面构思：不同字体不同行距

设计阐述：

1. 通过对图片有针对性的裁切，将最能表现主题的部分满版保留，更具张力。

2. 将钢丝、扫帚等物体与头像巧妙嫁接，夸张地从反面充分表达了主题。

3. 人物瞪大上瞧的眼睛将读者的视线集中在头发部分，起到了引导作用。

图2.130 CANIPEC护发素广告

在进行这种处理时，一般情况下会将图片的四边多留出3mm，以避免由于裁切不当造成图片偏小而露出页面的白底，进而影响画面的效果。如果希望某些图片更加引人注意,可以对图片进行出血处理,通过将图片放大至超过页面大小的程度使页面显得更加宽广。需要注意的是,不能将图片中的重要内容放在订口处,以防装订时对其造成破坏。

在对版面的编排设计中,可以在出血线以外的区域加入其他视觉信息,从而丰富图片的边缘结构。例如能在出血线外加上黑色的边框,利用该边框元素来加强图片内容的表述能力。与此同时,还能使画面四周达到整洁、美观的效果(图2.131)。

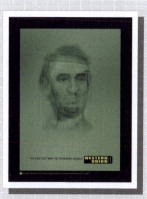

版面构思:出血图片加上黑色边框

设 计 阐 述:

1. 在出血部位加入黑色边框,使图片得到突出和强调。
2. 图片的居中放置,使主体物的视觉表现力得到大幅增强。

图2.131　2013 One Show Design 海报类优胜奖作品

在进行图片的出血处理时,如果对图片裁切不当并一味地压缩页边距,就会使页面形成不透气的感觉。这样的处理会对版面效果造成负面影响。因此在设计时要注意不要将对页的四边全部填满,可以在对角线的位置留有一些空间(图2.132)。

版面构思:版面留白

设 计 阐 述:

1. 将版面边角部分进行大幅留白处理,形成了通透的版面空间感。
2. 多色块的自由组合,使版面更具动感。

图2.132　国外名片版式设计

2.3.1.4　图片位置

通过调整图片的位置关系,可以控制图片的先后顺序。版面的上、下、左、右以及对角线连接的四个角都是视觉的焦点,其中版面的左上角更是视线走向的第一个焦点。将重要的图片放在这些位置,可以凸显主题,并令版面层次清晰、视觉冲击力强。此外,如果使某一张图片与其他若干张图片间隔较大,那么这张图片也会变得相对显眼,从而让读者将其视为特殊内容来认识(图2.133)。

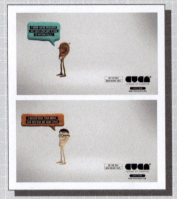

图2.133 Cuca教育平面广告

版面构思:将图片放置在版面焦点位置

设计阐述:

1. 将图片放置在版面的左上角,有效地凸显了主题,版面层次清晰、视觉冲击力强。

2. 对耳朵进行有趣的拟人化处理,拉近了与读者的距离。

3. 将主题文字以双重颜色辅底,使其得到有效传达。

2.3.1.5 去背图片

去背图片又称褪底图片,是指将图片中的某个视觉要素沿着边缘进行剪裁,以此将该要素从图片中"抠"出来,从而形成去背图片的样式。通过对图片进行褪底处理,可使该图片的视觉形象得到提炼,并使图片要素变得更加鲜明与突出。

褪底图片能使主体物的视觉形象变得更为鲜明。为了进一步增强该类图片在版面中的表现力,将做过褪底处理的图片与常规图片组合在一起,利用错乱的图片结构关系来打造出具有视觉冲击力的版式效果(图2.134)。

图2.134 国外家具宣传册内页版式设计

版面构思:去背图片与常规图片的组合运用

设计阐述:

1. 将去背图片与常规图片编排在一起,使版面具有变化,增添趣味。

2. 图片与文字以随意的方式编排在版面中,体现出版面结构的个性化。

在对图片进行去背处理时，务必要做到严谨与细心，以保证主体物被彻底地从背景中抽离出来，从而确保去背图片的美观性。在实际的版式设计中，去背图形能有效地突出其内容，并将读者的视线集中在该视觉要素上，使主题信息得到完美的展现（图2.135）。

广告主题：every man has a dark side

版面构思：去背图黑白色调处理

设计阐述：

1. 将完全去除背景的人物头像满版放置，从表现形式和编排上增强了主题图片的表现力。

2. 对人物头像图片黑白色调处理，形成人物头像叠加的效果，对比强烈、冲击力强。

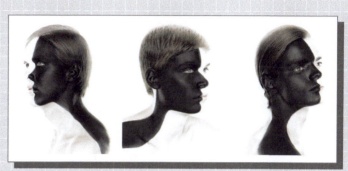

图2.135　guinness黑啤广告

2.3.1.6　裁切图片

通过对图片的特定区域进行剪裁处理，将有价值的视觉信息保留在版面中，并利用该要素来帮助画面完成对主题信息的阐述。在实际的设计过程中，虽然图片的剪裁方式有很多种，但剪裁图片的目的只有一个，就是突出图片中与主题有直接关系的视觉要素。

首先，可以利用剪裁图片来完成对视觉要素的缩放，并强调版面中的主体物（图2.136）。

版面构思：对人物精致的眼部妆容放大处理

设计阐述：

1. 对图片进行裁切，对人物精致夸张的眼部妆容放大处理，使其得到有效强调。

2. 将标题英文首字母放大突出，中英文字体的结合使主题信息得以清晰传达。

3. 版面下部左右两侧的段落分别以齐左、齐右编排，使版面整体感增强。

图2.136　国外杂志版面设计

在处理版面中的图片时，通过对图片进行剪裁，还能控制画面中各视觉要素间的大小比例，并根据物象间的比例关系来区分版面信息的主次关系，从而提高图片表述主题的能力。当剪裁图片时，一定要保持清晰的思路，以免因失误而将与主题有关的视觉信息删除（图2.137）。

版面构思：物体图片去背处理，不同大小图片的灵活布局

设计阐述：

1. 将不同的相机图片去背处理，使其形象突出。

2. 根据主题表达的重要程度，对相机图以不同的尺寸比例关系来区分版面信息的主次关系，提升了图片表述主题的能力。

3. 将主体文字段落齐左编排，使版面具有整齐感。

图2.137　Babarina版式设计

其次，还可以对版面中的主体物进行裁剪，并将该主体物的局部放置在画面中，以构成风格独特的视觉效果。最常见的裁剪对象有人物、动物和建筑等元素，结合特定的裁剪与排列方式，该类图片还能在视觉上形成切入式的构图样式（图2.138）。

版面构思：图片的切入式处理

设计阐述：

1. 通过裁剪汽车图片，将车头部位保留在版面中，构成切入式的编排效果。

2. 将背景颜色设置为浅灰色，与人物精致正式的着装和色彩艳丽的汽车色彩相呼应，以营造高级的版面感。

3. 人物惊喜的面部表情有效地渲染了广告主题。

4. 版面上部手写字体的主题文字使版面情感化，与读者产生共鸣。

图2.138　国外汽车广告

2.3.2 不同风格的图片表现力

在平面构成中，图片依据自身的内容来对主题信息进行表述，而不同的图片所阐述的信息也存在着差异性。为了能够通过图片来丰富版面的表达形式，可以采用一些具有代表性的图片内容，以提高版面的注目度。

根据图片内容的不同，将图片的类型划分为以下几种：具象性图片、抽象性图片、夸张性图片、符号性图片和简洁性图片。

2.3.2.1 具象性图片

人们对自然界中某个事物的外形进行归纳与总结，并将其以高度浓缩的形象展示出来，从而构成具象化的视觉效果。运用简化的方式来表现视觉要素，从而构成具象性图形。由于该类图片具有强烈的简洁性与针对性，因此也常出现在各类刊物和杂志的设计中。

（1）人物元素

在平面构成中，以人作为设计对象的作品有很多。因为对于设计者来讲，关于人的创作题材是非常广泛的，如人的肢体动作、表情神态以及人体器官等。以人物为主题的具象性图片，能恰如其分地反映出版面的内涵与意义，同时带给读者直观的视觉印象（图2.139）。

广告主题：我会判断什么是自然的

版面构思：人物元素构成版面主体

设计阐述：

1. 对面部表情丰富可爱的婴幼儿形象图片进行裁切，将最能表现广告主题的人物头像保留放大满版布置，给读者良好的视觉互动。

2. 将主题表达的对象物——奶瓶图片去背放置在版面右下角，有效地传达了主题信息。

图2.139 Tommee Tippee宝宝健康奶瓶平面广告

（2）动物元素

在平面设计中，动物是最为古老的创作元素之一。早在远古时期，动物便以图腾的形式出现在一些祭祀活动中。如今人们仍将这种元素应用到图形设计中，以此将动物的象征意义赋予图片，同时提升了版面整体的感知深度（图2.140）。

图2.140　科隆动物园情人节平面广告

广告主题：情人节，动物也疯狂
版面构思：动物元素构成版面主体
设计阐述：

1. 将动物图片放置在版面中央，构成了视觉重心。

2. 动物园英文名称图形化，形成"心"形，白色字体与暗色调的背景形成鲜明对比，得到凸显，形象传达了广告情人节的主题。

3. 动物拟人化处理，嘴里叼着象征爱情的玫瑰花，夸张滑稽的表情语言最大化地表达出情人节爱情的甜蜜味道。

（3）自然元素

这里的自然是指生活中所遇到的一些与自然相关的事物，如云朵、彩虹和风等。将这些自然元素进行具象化处理，并以图形的形式展现在图片中，利用简化的图形样式来增强版面的装饰性，从而带给读者美的视觉感受（图2.141）。

图2.141　东京TDC 2013平面设计入选作品

版面构思：自然元素构成版面主体
设计阐述：

1. 将树林图片进行裁切、剪影化处理，满版放置。

2. 细腻精致的黑白灰色调的使用，打造出版面纵深的空间感和冷暖感。

3. 版面上部放置一片枫叶，白色剪影给主题文字留出表达的足够空间。

（4）器物元素

　　器物是所有用具的总称，它所涵盖的范围非常广，小到生活用品，大到机械类产品。在版式设计中，根据主题的需要挑选合适的器物种类，并将该元素的外形与内部结构进行简化处理，同时利用它来诠释版面的主题信息，可使整个表现过程变得简单明了（图2.142）。

图2.142　Histor Paint涂料油漆广告

版面构思： 器物元素构成版面主体

设计阐述：

　　1. 将家居物品以折叠色卡的形式表达，简洁明快地传达出这些家居物件与所宣传产品的密切关系。

　　2. 渐变色彩的处理，将广告所宣传的油漆涂料的优良性能表述无遗。

2.3.2.2　抽象性图片

　　抽象是指我们对某类事物共性的主观描述。抽象与具象的区别在于，后者能使人联想到具体的某个事物，而前者则完全抽离了该事物原有的形态，并呈现出无意识的形态，从而在视觉上带给人们一种回味无穷的视觉感受。

　　在平面构成中，抽象性图片带有强烈的个人色彩，并从艺术角度打破了人们对美的传统化认识。需要注意的是，年龄、性别以及人生经历的差异性也将影响人们对该类图片的认识，并在浏览的过程中产生完全不同的心理感触（图2.143）。

图2.143 2013 One Show Design 海报类优胜奖作品

版面构思：个性化的抽象图片构成版面主体

设计阐述：

1. 设计者将粉色色彩渐变的"云朵"自由形态有机排列，构成了层次感极强的抽象化图形。

2. 版面文字半隐在图形下，给人以真实的空间感。

3. 文字大小散布在"云朵"空白处，并以淡雅的蓝色打底，营造出小清新的版面效果。

尽管抽象类图片并没有固定的表现模式，但在实际的设计过程中，务必要以设计对象的主题要求为中心，并围绕该中心展开理性的创作，从而打造出具有针对意义的平面作品，使读者在感受到画面中抽象美感的同时，还能领略到画面中的潜在信息（图2.144）。

图2.144 McDonald's麦当劳平面广告

版面构思：以设计对象为中心的抽象图案

设计阐述：

1. 将具象的汉堡包图片放置在版面下部中间位置，构成了视觉重心。

2. 将与饮食相关的自然界中的蔬菜、水果等元素通过艺术化信手拈来地组合构成抽象化的视觉效果。

3. 将麦当劳的标志放置在版面左上角位置，充分利用读者的阅读习惯，将品牌形象传达得十分到位。

2.3.2.3 夸张性图片

夸张是一种修辞手法。将夸张这种概念融入图片中，不仅能增强其主题内容的表现力，还能激发读者的想象力。在实际的设计过程中，可以选择一些在视觉或形式上具有夸张性的视觉要素，使版面产生视觉冲击感，从而给读者留下深刻的印象。

对图片中的视觉要素进行艺术化处理，使其展现出与之前完全不同的形态，可在表现形式上产生夸张的效果。利用夸张类图片在视觉上的冲击力来刺激读者的感官神经，以此带给他们充满新奇感的视觉感受。除此之外，该类图片还具备生动性，能有效地强化画面对于主题的表现力（图2.145）。

广 告 主 题： 是时候该健身了
版 面 构 思： 不同字体不同行距
设 计 阐 述：

1. 将扣子运用拟人的效果呈现，人体肉肉的异常凸起挤压着扣子，表现出痛苦等极其怪异的表情，以类似恐惧的诉求引起消费者共鸣，诙谐幽默的画面让人产生减肥的欲望和健身的冲动。

2. 对图片进行裁切满版设置，带给读者强大的视觉冲击力。

图2.145　Gold's Gym俱乐部广告

与夸张的表现形式相比，图片内容的夸张显得更有内涵与深度。具体来讲，该类图片以版面的潜在意义为表述重点。例如，它可以是一个简单的动作或表情，通过简单的行为来激发读者的联想能力，使其在思考的过程中得出与主题相对应的结论（图2.146）。

版面构思：不同字体不同行距

设计阐述：

1. 巧妙利用鞋的空洞充当人惊讶时张大的"嘴巴"，可见去MAX买鞋实在让人惊喜连连。

2. 产品实物与简单的文字说明，准确而到位地阐述了主题信息。

图2.146 MAX Shoe广告

2.3.2.4 符号性图片

在平面构成中，符号是指那些具有某种象征意义的图形，同时也包括文学中的标点符号，如问号、感叹号等。这些符号在不同的情况下所起到的作用也是不同的。比如，以标点为设计对象的符号图形能赋予版面以相应的情感表现，而特殊类符号图形则能起到装饰版面的作用。

（1）标点符号

在文学领域，标点符号的意义主要为断句和表达特殊的语气。当将该类符号运用到版式设计中时，通常会以某个标点符号的外形为基准，将画面中的某个视觉要素编排成该形状，从而赋予版面以相应的情感表达（图2.147）。

图2.147 国外某银行广告

广告主题：我无厘头，但我是个好帮手

版面构思：标点符号形成版面主体

设计阐述：

1. 满版图片与主题文字的综合运用，简单而有力地抓住了读者的视线。

2. 将标点符号进行放大处理，给人以强烈的疑问感；拟人的图形化处理，可爱的造型拉近了与读者的距离。

（2）特殊符号

特殊符号是指那些有别于传统的一类符号。在日常生活中，这些符号并不常见。但在某些特定的版式中，它们却能起到点缀的作用。例如在网页、书籍封面和宣传单等元素的设计中，人们常将一些特殊符号摆放在页面中，凭借这些符号在外观上的新奇感来提高版面整体的关注度，从而引起读者的注意（图2.148）。

版面构思：英文字母的符号化处理

设计阐述：

1. 将段落标题英文字母进行符号化处理，体现了版面的设计感。
2. 将人物图片裁切仅保留下半身形象，黑白色调给人以前卫、时尚感。

图2.148　国外时尚杂志版式设计

特殊符号可以是具象的某个标识，也可以是一些具有抽象概念的事物，如战争等。在版式设计中，通过该类符号来为读者提供心理暗示，并使他们与符号指代的特殊意义达成共识，从而拉近作品与读者之间的距离（图2.149）。

广告主题：来料不加工

版面构思：具象事物表达抽象概念

设计阐述：

1. 用战士破旧的头盔、捆绑着的炸弹等十分具体的物品形象象征战争，直截了当地表达了主题思想。
2. 采用报纸直接包裹着头盔、炸弹的形式传达出"来料不加工"，而是真实直接地呈现在读者面前，视觉冲击力极大。
3. 将图片放置在版面正中央，形成版面的重心。

图2.149　Aufait 每日新闻广告

2.3.2.5　简洁性图片

简洁，就是指版式中构图元素不多，通常大留白，但寥寥数笔或一个物品剪影就能恰如其分地表达主题，简洁不简单的构思总是能够吸引受众的眼球（图2.150）。

版面构思：互为图底关系的表现，矛盾空间的处理

设计阐述：

1、版面采用福田繁雄图形设计方法——互为图底关系的表现，矛盾空间的处理，使人自然形象地联想到喷涌而出的可口可乐汽水和品味汽水的舌头。

2、整个版面采用红色和白色互为图底，极简的色彩及构图却达到了设计性强，品牌识别度高的效果。

图2.150 Coca-Cola平面广告

2.3.3 图片的编排方式

图片是版式设计中最基本的构成要素之一，在视觉表达上具有直观性与针对性。通过图片要素能使读者更易理解画面中的主题信息。

在版式设计中，可以通过对图片进行位置、占据面积、数量与形式等方面的调控，来改变版式的格局与结构，并最终使画面呈现出理想的视觉效果（图2.151）。

版面构思：平衡的图片编排

设计阐述：

1、将电视塔与人物图片刻意地以向内倾斜的形式放置，两者形成对角线的形态，版面平衡感、设计感强烈。

2、左右两页色彩均使用低明度和纯度的黑、白、红色，形成了整体的版面结构。

图2.151 国外书籍版面设计

2.3.3.1 方向编排

物体造型、倾斜方向、人物动作、脸部朝向及视线等，都可以使读者感受到图片的方向性。通过对这些因素的掌控，可以引导读者的阅读动线。以人物照片为例，人物的眼睛总是会特别吸引读者的目光；接下来，读者的视线会随着图中人物凝视的方向移动。因此在这个地方安排重要的文字，是引导读者目光移动的常用方法。此外，运用多张图片并按照一定的规则排列成一定的走向，也可以形成明确的方向性，从而引导读者阅读（图2.152）。

图2.152　国外某品牌男性短裤广告

版面构思：人物眼神形成版面的视觉走向

设计阐述：

1. 画面描述了一位正在玩蹦极的男生瞪大眼睛，并不是有感于运动本身，而是被某种事物所吸引。而顺着他的视线，我们看到的是一件男性内裤产品的简笔画。

2. 男生极速倒立向下的身体形成明确的方向性，游离在紧张刺激蹦极运动之外的眼神起到了引导读者阅读的作用。

3. 人物夸张的表情反映出该品牌男性内裤的强大吸引力，起到了宣传品牌产品的作用。

图片的方向性是由其内容所决定的，因为图片本身是不具备任何方向性的。通常情况下，我们利用视觉要素的排列方式或特定动态来赋予图片以强烈的运动感。与此同时，图片的方向性还能对读者的视线起到引导作用，并根据图片内容的运动规律来完成相应的视线走向（图2.153）。

版面构思：有趣的图片编排出方向

设计阐述：

1. 动作各异的小鸟站在电线上形成的抛物线形，引导读者进行规律性的浏览。

2. 图形采用黑色剪影的手法，版面背景为单纯的灰色，画面简洁干净却不失动感、趣味。

3. 开口向上的抛物线，自然而然地将读者的视线引导向版面的下部。

图2.153　2013年post it awards海报

还可以利用物象自身的逻辑关联来诱使图片产生特定的方向感。例如，地球的重力始终是朝下的、单个生物的进化过程等。这些元素不仅能给予图片以方向性，同时还能增强版式结构的条理感（图2.154）。

版面构思：竖向对齐的图片编排

设计阐述：

1. 利用地球的重力始终是朝下的理论，将主体图片采用上下对齐的方式居中竖向排列，给人以稳重的感觉。

2. 版面用色纯度高，色彩鲜艳，对比强烈，撞色的处理营造出精致、优雅的版面效果。

图2.154 国外音乐杂志版面设计

除此之外，还可以运用物象本身的动势来赋予图片以方向性。比如高耸的建筑，在视觉上的透视效果能赋予图片以延伸感，或者人物的动作朝向、眼神的凝视方向等，这些要素可使人们切身体会到图片在特定方向上所产生的动感效果（图2.155）。

版面构思：物象本身的动势赋予图片以延伸感

设计阐述：

1. 利用建筑物在空间中的透视效果，使图片具有了向上的动势。

2. 图片色彩做旧处理，给人以浓厚的历史沧桑感，符合了主题需要。

3. 版面左半部分为文字，右半部为大幅图片，基本成1∶1的面积比例，使版面显得均衡。

图2.155 城南公馆地产海报设计

将版面中的视觉要素按照一定的轨迹或方式进行排列，同样可以赋予图片以方向感。例如将图片中的视觉要素以统一的朝向进行排列与布局，使版面形成固定的空间流向，并引导读者完成单向的阅读走向（图2.156）。

广告主题：发困时，好像上下眼皮都在打架一般……这个广告让人一目了然，你的眼睫毛就好像富翁老头和夜店女郎、好像剑拔弩张的斗士、好像自恋的男人和女人，只要一碰上就准没好事。赶紧喝杯咖啡，保持清醒吧！

版面构思：不同字体不同行距

设计阐述：

1. 将人物元素规则地排列在版面两侧，形成了版面的韵律感。

2. 极具喜感的卡通人物形象，塑造了轻松有趣的版面氛围。

3. 左右两侧人物相互吸引的眼神，有效地引导了读者的视线，使其集中在版面中央位置咖啡杯的图案上。

图2.156　巴西 Institutional 咖啡食品平面广告

2.3.3.2 位置编排

对于主体图片来讲，在版面中放置位置的不同，对其本身的表现也将造成很大的影响。通常情况下，主体图片会出现在版面中的左部、右部、上部、下部和中央等区域，可以根据版面整体的风格倾向与设计对象的需求来考虑图片的摆放位置。

（1）左部

相对于文字来说，图片更具有视觉吸引力，将主要图片在版面的左部，可使画面产生由左向右的阅读顺序。通过主体图片的左置处理可使版面展现出统一的方向性，同时还可以增强版式结构的条理性（图2.157）。

图2.157　国外时尚杂志版面设计

版面构思：图片置左

设计阐述：

1. 将主体图片放置在版面左侧，符合大众读者的阅读习惯。
2. 版面右侧的段落采用齐左对齐的方式，与裙摆的飘动方向一致，形成了统一的视觉走向。
3. 标题首字母加粗放大处理，有效地吸引着读者的视线。

（2）右部

将主体图片放置在版面的右边，使读者产生从右到左的颠覆性视线走向。由于和人的阅读习惯恰好相反，因此该种排列方式能有效地打破常规的版式结构，并在感官上给读者留下深刻的印象（图2.158）。

图2.158　国外书籍版面设计

版面构思：图片置右

设计阐述：

1. 将主体图片放置在版面右侧，打破了传统的阅读习惯，给人以新鲜感。
2. 标题字母使用大号的细体文字，形成独特的图形，与右侧的人物图片起到了平衡版面的作用。
3. 细体文字及简短的文字说明给版面左侧大面积留白，形成了简洁、通透的空间视觉效果。

（3）中央

版面的中心位置是整个画面中最容易聚集视线的地方，因此设计者常将主体元素放置在该位置，以提升该元素的视觉表现力。将图片摆放在版面的中央，并将文字以环绕的形式排列其周围，可赋予画面以饱满、迂回的版式特征（图2.159）。

版面构思：图片置中

设计阐述：

1. 标题文字以大号粗体、黑色面块打底的形式形成版面的视线中心。

2. 其他段落文字也以色块打底的形式排布在版面主题标题的周围，并以细线相连，给人以饱满、回环、多层次的结构效果。

3. 一些需要特别引起读者重视的文字段落底色色块设置为黄色，黄黑两色形成的强对比起到了丰富版面的作用。

图2.159　国外海报设计

（4）下部

在一些文字较少的海报设计中，由于版面中的视觉要素非常有限，一般能起到宣传作用的主要是标题与说明文字。为了使读者在第一时间了解到版面的主题信息，设计者通常会将图片摆放在画面下方，以强调文字要素，从而使整个阅读过程变得清晰、明朗（图2.160）。

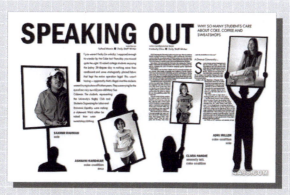

图2.160　William Couch 杂志版式设计

版面构思：图片置下

设计阐述：

1. 版面中的人物图片以上开口抛物线的形式放置在版面下部，形成了版面的稳重感。

2. 人物图片加黑色粗边框，使人物形象得到进一步强调。

3. 主体段落采用几种不同行距、不同字体相互组合的形式，构成了丰富的版面内容。

（5）上部

版面中的文字与图形有着潜在的逻辑关系。我们可以利用图片在视觉上的直观性与可视性来明确地阐明文字信息。当将图片摆放在版面的上方时，可以构建起从上往下的阅读顺序，并使读者从图片的内容入手，理解能力得到显著提升（图2.161）。

图2.161　日本DRAFT设计事务所乳液广告

版面构思：图片置上

设计阐述：

1. 将人物图片放置在版面上方，为其他信息的表达提供了足够的表现空间。

2. 与主题相关的文字采用多种字体相辅相成的形式，使版面信息更容易被读者所接受。

3. 人物的眼神引导读者将注意力放置在人物左手中的化妆品上，自然而然地引出了广告所要宣传的主体物。

2.3.3.3　面积编排

在版式设计中，将不同规格的图片要素组合在一起，利用图片间面积上的对比关系来丰富版式的布局结构，可提升或削弱图片要素的表现力，并使版面表现出不同的视觉效果。

在版式的编排设计中，缩小图片在面积比例上的差异程度，可以打造出充满均衡感的版式空间。可以运用均等的图片面积来帮助版面营造平衡的视觉氛围。与此同时，凭借这些图片在面积上的微妙变化来打破规整的版式结构，使画面显得更具活力（图2.162）。

图2.162　Sasha Babarina版式设计

版面构思：粗细线对版面的组合分割

设计阐述：

1. 利用裁切后十字相交的图片形成的粗直线对版面进行初步划分，相交形成版面的视觉重心。

2. 对各个分板块使用细直线进行二次分割，加上每个段落文字采用了小号字体，版面显得十分细腻、精致。

3. 图片、段落形成的不同块面构成了充满活力的版面结构。

将版面中的图片设定为同等大小，可以利用相等的图片面积来提升版式结构的规整感。该类编排手法的主要特征为严谨的排列结构与规整的版面布局，因此通常被用在那些极具正式性的实事报刊中（图2.163）。

版面构思：同等大小图片的编排

设计阐述：

1. 在版面的左上角放置主体图片，形成了版面重心，有效地吸引了读者视线。

2. 若干相关的系列图片以相同的尺寸、编排形式摆放在版面底部，形成了严谨与规整的版面布局。

图2.163 国外报纸版式设计

在版式的编排设计中，将具有明显面积差异的图片安排在一起，利用物象在面积上的对比来突出相应的图片元素，从而达到宣传主题信息的目的。扩大版面中图片面积的对比效果，可以帮助图片要素划分出明确的主次关系。因此该类编排手法通常被运用在一些以图片为主的刊物中，如时尚杂志、画册等（图2.164）。

图2.164 国外书籍版式设计

版面构思：具有明显面积差异的图片的组合编排

设计阐述：

1. 版面中分别在左下角和右侧放置了两张面积对比十分明显的图片，使版面图片划分出明确的主次关系。
2. 版面整体色调为黑白灰，中部粉色的圆形起到了活跃版面氛围的作用。

2.3.3.4 组合编排

在图形的编排设计中，图形的组合排列一般分为两种，即散状排列与块状排列。根据不同的版式题材和画面中图片元素的数量来选择适宜的排列方式，从而打造出富有表现力的版式空间。

散状排列是指将图片要素以散构的形式排列在版面中，以此形成自由的版式结构。该类编排手法没有固定的法则，只要求图片的排列位置尽量分散，并讲究整体的无拘束感。因此，该类排列手法能给读者以轻松、活泼的视觉感受（图2.165）。

图2.165　国外书籍版面设计

版面构思：若干图片的散构编排

设计阐述：

1. 文章中的图片以散构的形式排列在版面中，形成了轻松、自由、活泼的版式结构。
2. 左右页均为两栏的网格布局，给人以均衡、稳重的视觉效果。

块状排列是指将版面中的图片要素以规整的方式进行排列，使图片整体表现出强烈的秩序性与简洁性。相比于散状排列来讲，该种排列形式就显得严谨了许多，它不仅使组合图片变成一个整体，同时还将版面中图片与文字的界限划分得十分清楚，以便于读者对相关信息进行筛选（图2.166）。

版面构思：图片的秩序性编排

设计阐述：

1. 版面中的图片以规整的方式进行竖向排列，块状的版面结构表现出强烈的秩序性与简洁性。

2. 将图片摆放在版面的左侧，使版面产生向左的视觉引力。

3. 标题文字采用较为圆润、活泼的字体，形成了文字内容的重心。

图2.166 国外网页设计

2.3.3.5 动态编排

具有动感的图片可以让人感受到一种跃动的感觉。每张图片都会由于拍摄对象动作强弱的不同而产生不同程度的动感效果。根据被摄物体动感的强弱，可以控制版面整体的运动感或稳定感。此外，还可以通过将图片本身倾斜放置，或将若干张图片按照一定的路径排列成倾斜的构图等方法，来打破平衡以增强图片的动感（图2.167）。

版面构思：图片的动感

设计阐述：

1. 人物缩小放置在版面底部，手中挥舞的布幔的面积占据了版面的大部分，成为视觉的重心。

2. 半透明的布幔给人以轻盈的感觉，结合人的手部动作和作为背景的蓝天，使人明显地感觉到布幔随风飘动的景象。

3. 文字分别布置竖向编排在版面的左右边，形成了版面的均衡感。

图2.167 日本平面设计大师新村则人广告设计

2.4 网格的应用

网格起源于20世纪，是一种在现代版式设计中发挥着重要作用的构成元素。通过网格这一分割方式，能够使版面中的各种构成元素层次分明、井然有序地排列于版面之上，并且可以使它们相互之间的编排协调、一致。因此作为平面构成的一种基本而多变的版面框架，网格在版式设计中的重要作用已经越趋明显，使所有的版面构成元素之间形成协调、平衡的关系，并使整个版面更具规划性。

2.4.1 网格对版面的灵活控制

网格在版式设计中的应用，其主要目的是更有利于设计师对版面内容的编排，有条不紊地组织各项信息元素，充分提升版面的可读性。网格这一包含一系列等值空间或对称尺度的空间体系，为版式设计的编排形式和空间布局建立起一种结构及视觉上的紧密联系。

2.4.1.1 网格的建立

合理的网格结构可以避免设计过程中随意编排的可能性，有利于统一版面。网格作为版面设计中的关键工具，可以运用分栏与单元格混排的形式来编排版面，使版面设计具有较强的灵活性。

（1）三栏对称式网格

使用三栏对称式网格，左右两页共分为6栏，可以将图片和文字放置在图中的灰色区域中（图2.168）。

（2）非对称式网格

使用非对称式网格，左右两页共分为5栏，栏数不同，页边距也不一样（图2.169）。

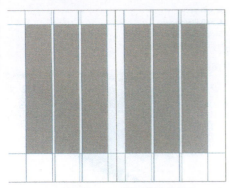
图2.168 三栏对称式网格

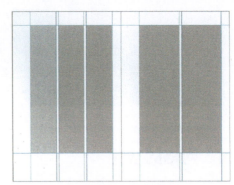
图2.169 非对称式网格

以下版面采用了非对称式网格的编排形式（图2.170）。

图2.170　国外书籍内页版面设计

版面构思：非对称式编排

设计阐述：

1. 版面采用非对称式编排，结构灵活。
2. 图片采用对角线式编排，版面整体具有很强的节奏感和空间感。
3. 文字采用小号字体密集排布，给人以丰满的视觉感受。

（3）栏状网格与单元格网格

使用分栏与单元格的混排，蓝色线条既是每栏的分割线也是每个单元格的分割线，为图片和文字的编排提供了确切的版面结构（图2.171）。

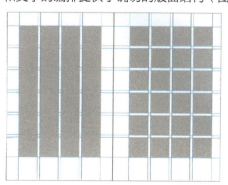

图2.171　栏状网格与单元格网格

（4）网格与参考线网格

使用格点与参考线的混排，使用横四竖六的单元格形式建立。每个蓝色单元格又细分为1个黄色小单元格，蓝色线是单元格的分割线，也是每栏的分割线(图2.172)。

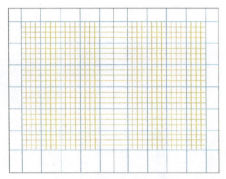

图2.172 网格与参考线网格

版面网格的建立可以遵循以下方法。

(1)比例关系建立网格

德国字体设计师扬·奇希霍尔德(Jan Tschichold,1902～1974)设计的经典版面,建立在长宽比为2:3的纸张尺寸上。图中的高度a与页面的宽度b相等,装订线与顶部边缘的留白占整个版面的1/9,内缘留白是外缘留白的1/2,使跨页的两条对角线与单页的对角线相交,两个焦点分别为c和d,再由d出发,向顶部页边做垂直线,其焦点e和c相连,这条线又与单页的对角线相交,形成焦点f,它就是整个正文版面的一个定位点(图2.173)。

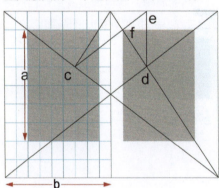

图2.173 比例关系建立网格

(2)单元格建立网格

在进行页面分割时,可以采用裴波那契数列比例关系,即8:13的黄金比例。在裴波那契数列比例关系中,每一个数字都是前两个数字之总和。下图中的版面有34×55个单元格,内边缘留白5个单元格,外边缘留白8个单元格。

在裴波那契数列中，5的后一位数字是8，正好是外边缘的留白单元格数。8后面的数字是13，是底部留白的单元格数。以这种方式来确定正文区域大小，在版面的宽度与高度比上能够获得和谐连贯的视觉效果（图2.174）。

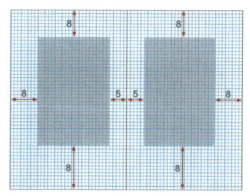

图2.174 利用裴波那契数列比例关系建立单元格

2.4.1.2 网格的编排形式

文字和图片都是版面的构成元素，运用网格对文字与图片进行不同形式的组合，并充分利用网格的特性设计出和谐流程并令人印象深刻的版面，能够形成不同的视觉效果，给人以不同的心理感受。网格是保持版面均衡的重要方法，网格的建构形式由版面主题的需要来决定。有的版面以文字为主，图片较少；有的版面以图片为主，文字较少。这些区别造成了版面效果的极大差异。

（1）多语言网格编排

有的版面会出现多种语言文字同时编排的情况，网格可以适应不同语言文字的编排，并容纳多种语言，灵活性极强（图2.175）。

版面构思：多字体文字的组合编排
设计阐述：
1. 版面采用多字体形态文字编排的方式，构造出丰富的版面内容。
2. 齐左对齐的文字段落编排，增强了段落之间的关联性，营造了版面的整体感。

图2.175 书籍版面设计

（2）说明式网格编排

运用网格可以对版面信息进行调整，从而营造出稳定、清晰的版面结构（图2.176）。

图2.176 国外书籍版面设计

版面构思：说明式网格编排

设计阐述：
1. 将左右两页整体规划，人物图片面积相等，并间隔较大，图片在上，图下为说明性文字。版面整体风格简洁明了。
2. 图片右下角绿色小色块的运用使版面更具秩序性。

（3）数量信息网格编排

在表现数据较多的表格中，网格的重要性非常明显（图2.177）。

图2.177 国外报纸版面设计

版面构思：数量信息网格编排

设计阐述：
1. 版面采用了自由的网格构图形式，用粗细不等的黑色直线进行划分，形式感强。
2. 各标题文字采用手绘的形式，方向排列自由，相关信息也保持统一的编排方向。文字信息与数字清晰地编排在版面中，使人一目了然。

（4）打破网格

打破网格的处理方式使版面具有灵活性，且能有效地表现创意（图2.178）。

版面构思：打破网格

设计阐述：

1. 版面使用了网格与无网格的混排，右侧虽然没有网格，但整齐而工整，并达到了视觉传达的目的，使整体呈现出对比状态，变化丰富。

2. 左页图片放大处理，占据了版面一半以上的面积，形成了版面的重心。

图2.178　国外书籍版面设计

2.4.2　网格在版面设计中的作用

网格作为版式设计中的重要构成元素，能够有效地强调版面的比例感和秩序感，使作品页面呈现出更为规整、清晰的效果，让版面信息的可读性得以明显提升。在版式设计中，网格结构的运用就是为了赋予版面以明确的结构，达到稳定页面的目的，从而体现出理性的视觉效果，给人以更为可靠的感觉。

2.4.2.1　约束版面内容

网格最重要的作用就是约束版面，使版面具有秩序感和整体感。合理的网格结构能够帮助人们在设计中掌握明确的版面结构，这点在文字编排中尤其明显（图2.179）。

版面构思：网格对版面内容的约束

设计阐述：

1. 版面使用三栏式网格的编排形式，标题、图片和文字的编排形式统一，给人以工整、稳定的视觉效果。

2. 图片采用手绘的形式，活跃了版面气氛。

图2.179　日本DRAFT设计事务所广告招贴设计

由于网格起着约束版面的作用，因而它既能使各种不同页面呈现出各自的特色，同时又能使其表现出简洁、美观的艺术风格，能够让人们对版面的大致内容一目了然，并有效提升信息的可读性。并且在确定的网格框架内，将一些细微的元素进行调整，可以让任何形式的版面都具有整体的平衡性，并且能丰富版面的布局设计（图2.180）。

版面构思：网格提升内容的可读性

设计阐述：

1. 版面左侧采用五栏式对图片进行了整体排列，文字与图片齐左对齐，内容一目了然，有效提升了信息的可读性。

2. 右侧为纯文字信息，段落采用四栏式竖向编排，整齐划一；标题采用大号字体，从视觉上将版面一分为二，简洁干脆。

图2.180 国外书籍版面设计

2.4.2.2 确定信息位置

网格在版式设计中的运用可使版面要素的呈现达到更为完善的整体效果，有助于设计师合理安排各项版面信息，从而有效地提升了工作效率，极大地减少了在图文编排上所耗费的时间与精力。网格的实际应用不仅能够使版面具有科学与理性的依据，同时还能够让设计构思的呈现变得简单而又方便（图2.181）。

版面构思：栏状单元格网格

设计阐述：

1. 版面采用两栏式网格对称编排，版面均衡平稳。

2. 每一栏顶部为夸张放大艺术化的数字，秩序感一目了然。正文文字在字体、大小、段间距、粗细方面给予精心设计，增强了版面的层次感和精致感。

图2.181 国外书籍版面设计

网格对于确定版面信息的作用是显而易见的，设置不一样的网格效果，可以体现出不同的版面风格与性质。通过各种形式网格的运用，使设计师在编排信息时有一个理性的依据，让不同页面内容变得井然有序，呈现出清晰易读的版面效果。总之，通过网格的组织作用，可以使编排过程变得轻松，同时使版面中各项图片及文字信息的编排变得更加精确且条理分明（图2.182）。

版面构思：自由的单元格网格编排

设计阐述：

1. 单元格网格的运用使段与段之间间隔较大，加上每段文字颜色的不同处理，版面显得条理清晰、结构分明。

2. 左侧具有视觉透视性的英文词，十分具有立体感和设计感。

图2.182　国外书籍版面设计

2.4.2.3　配合版面要求

网格具有多种不同的编排形式。在进行版式设计的过程中，网格的运用能够有效地提高版面编排的灵活性。设计师根据具体情况的需求选择合适的网格形式，而后将各项信息安置在基本的网格框架中，有利于呈现出符合需要的版面氛围。

在现代版式设计中，网格的运用为版面提供了一个基本框架，使版式设计变得更加进步和精准，为图片与文字的混合编排提供了快捷、直观的方式，从而使版面信息的编排变得更具规律性与时代感，更易于满足不同领域的版面需求（图2.183）。

图2.183　国外报纸版面设计

版面构思：对称式编排

设计阐述：

1. 文字的编排巧妙利用版面中满版的场景图片放置在中间位置5栏式编排。段落文字虽然排布密集，但是放大加粗的首字母强化了段落之间的独立。

2. 图片在大小、形式上也进行了左右均衡编排，整体感强。

运用网格可以让整个版面具有规整的条理性，增强版面的韵律感，让不同类型的作品具有各自的特色氛围。网格的多种结构形式能够有效地满足不同页面的需求，使作品版面达到需要的效果。当人们在阅读时，就能从不同的版面形式中感受到设计师想要表现的风格特点（图2.184）。

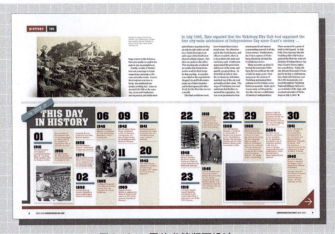

图2.184 国外书籍版面设计

版面构思：多栏对称式编排

设计阐述：

1. 版面采用6栏对称式网格的编排形式，版面紧凑、均衡。

2. 放大加粗处理的黑体数字，使版面的结构清晰可见，不同大小的图片增强了版面的灵活性和丰富性。

2.4.2.4 确保阅读顺畅

网格是用来设计版面元素的关键，能够有效地保障内容间的联系。无论是哪种形式的网格，都能让版面具有明确的框架结构，使编排流程变得清晰、简洁，将版面中的各项要素进行有组织的安排，增强内容间的关联性。

对于版面设计而言，网格可以说是所有编排的依据。无论是对称网格编排还是非对称网格编排形式，都能让版面有一个科学、理性的基本结构，使各内容的编排组合有条不紊，产生必要的关联性，从而让人们在阅读时能够根据页面所具有的流动感而移动视线（图2.185）。

图2.185　国外报纸版面设计

版面构思：多栏对称式编排

设计阐述：

1. 文字部分分两栏编排，白底灰色粗边框使文字部分跃然图上，使版面立体化。
2. 图中人物的视线使版面中的图片和文字呈现出一种鲜明的空间关联性。

　　掌握网格在版式设计中的编排作用，其目的就是让版面具有清晰、规整的视觉效果，提升内容的可读性。因此，根据网格的既定结构进行版面元素的编排是非常有必要的。除了能够使各内容合理地呈现于页面之上外，还能够有效地增强版面内容间的关联性，便于人们阅读内容（图2.186）。

图2.186　国外书籍版面设计

版面构思：多栏对称式编排

设计阐述：

1. 版面对文字和图片采用严格的对称式编排，具有清晰、规整的视觉效果。
2. 将正文中重要的语句采用引注的方式在版面边缘给予详细阐述，提升了内容的可读性。

03

Chapter

第 3 章

色彩

Layout Design

3.1 色彩的基础知识

色彩是人们对客观世界的一种感知。无论在大自然中或在生活中，随处都有各式各样的色彩，人们的实际生活与色彩紧密连接着（图3.1）。

图3.1　自然的色彩

世界万物都与色彩有着紧密的联系。色彩有着千变万化的表现形式，并能在任何领域中运用自如。在版面设计中，运用色彩可大大影响版面设计的视觉传达效果。

色彩为构图增添了许多魅力，它既能美化版面，又具有实用功能，更能够随意地变化。而且，有色彩的文字比单调的文字更让人印象深刻且便于记忆（图3.2）。

图3.2　可以对色彩DIY的壁纸

3.1.1 色彩的概念

色彩是版面设计表现的一个重要元素。色彩从视觉上对观者的生理及心理产生着影响，使其产生各种情绪变化。版面色彩的应用，要以观众的心理感受为前提，使其理解并接受画面的色彩搭配。设计者还必须注意生活中的色彩语言，避免某些色彩表达与沟通的主题产生词不达意的情况（图3.3）。

图3.3 WWF公益广告海报

版面构思：色彩的运用、图片的对比

设计阐述：

1. 版面对天空和海面均采用阴郁、低沉的色调，增强了公益广告的表现效果，能够引起人们的特别注意。

2. 版面采用相同场景中的相同动物是否存在的对比形式阐述广告主题，没有了动物的世界虽然一切都还是原来的样子，但明显凄凉很多。

3.1.2 色彩的形成

色彩感觉信息传输途径是光源、彩色物体、眼睛和大脑，也就是人们色彩感觉形成的四大要素。这四大要素不仅使人产生色彩感觉，而且是人能正确判断色彩的条件。在这四个要素中，如果有一个不确定或者在观察中有变化，就不能正确地判断颜色及颜色产生的效果。因此，我们在认识色彩时并不是在看物体本身的色彩属性，而是将物体反射的光以色彩的形式进行感知（图3.4）。

色彩可分为无彩色和有彩色两大类。对消色物体来说，由于对入射光线进行等比例的非选择吸收和反（透）射，因此无色相之分，只有反（透）射率大小的区别，即明度的区别。明度最高的是白色，最低的是黑色，黑色和白色属于无彩色。在有彩色中，红橙黄绿蓝紫六种标准色的明度是有差异的。黄色明度最高，仅次于白色；紫色明度最低，和黑色相近（图3.5）。

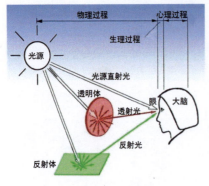

图3.4 人的色彩感知过程

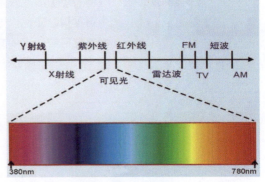

图3.5 可见光光谱线

3.1.3 色彩的三要素

有彩色表现很复杂，人的肉眼可以分辨的颜色达一千种，但若要细分其差别却十分困难。因此，色彩学家将色彩的名称用它的不同属性来表示，以区别色彩的不同。用"明度"、"色相"、"纯度"三属性来描述色彩，更准确更真实地概括了色彩。在进行色彩搭配时，参照三个基本属性的具体取值来对色彩的属性进行调整，是一种稳妥而准确的方式。

（1）明度

明度是指色彩的明暗程度，即色彩的亮度、深浅程度。谈到明度，宜从无彩色入手，因为无彩色只有一维，好辨得多。最亮是白，最暗是黑，以及黑白之间不同程度的灰，都具有明暗强度的表现。若按一定的间隔划分，就构成明暗尺度。有彩色既靠自身所具有的明度值，也靠加减灰、白调来调节明暗。例如白色颜料属于反射率相当高的物体，在其他颜料中混入白色，可以提供混合色的反射率，也就是提高混合色的明度。混入白色越多，明度提高得越多；相反，黑颜料属于反射率极低的物体，在其他颜料中混入黑色越多，明度就越低（图3.6）。

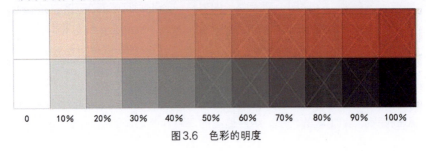

图3.6 色彩的明度

明度在三要素中具有较强的独立性，它可以不带任何色相的特征而通过黑白灰的关系单独呈现出来。色相与纯度则必须依赖一定的明暗才能显现，色彩一旦发生，明暗关系就会同时出现。在进行一幅素描的过程中，需要把对象的有彩色关系抽象为明暗色调，这就需要对明暗有敏锐的判断力。

（2）色相

有彩色就是包含了彩调，即红、黄、蓝等几个色族，这些色族便叫色相。

色彩和音乐一样，是一种感觉。音乐需要依赖音阶来保持秩序，而形成一个体系。同样的，色彩的三属性就如同音乐中的音阶一般，可以利用它们来维持繁多色彩之间的秩序，形成一个容易理解又方便使用的色彩体系。所有的色可排成一环形。这种色相的环状配列，叫作"色相环"。在进行配色时可以说是非常方便的图形，能了解两色彩间有多少间隔。

色相环是怎么形成的呢？以12色相环为例，色相环由12种基本的颜色组成。首先包含的是色彩三原色（primary colors），即红、黄、蓝。原色混合产生了二次色（secondary colors），用二次色混合产生了三次色（tertiary colors）。

原色是色相环中所有颜色的"父母"。在色相环中，只有这三种颜色不是由其他颜色混合而成。三原色在色环中的位置是平均分布的（图3.7）。

二次色所处的位置是位于两种三原色一半的地方。每一种二次色都是由离它最近的两种原色等量混合而成的颜色（图3.8）。

图3.7 三原色

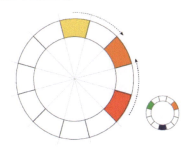

图3.8 二次色的形成

三次色是由相邻的两种二次色混合而成的（图3.9）。

在色相环中的每一种颜色都拥有部分相邻的颜色，如此循环成一个色环。共同的颜色是颜色关系的基本要点。如下图所示，在这七种颜色中共同拥有蓝色。离蓝色越远的颜色，如草绿色，包含的蓝色就越少。绿色及紫色这两种二次色都含有蓝色（图3.10）。

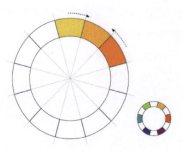
图 3.9 三次色的构成

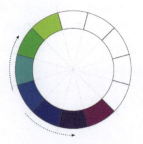
图 3.10 包含蓝色的色彩

如下图所示,在这七种颜色中都拥有黄色。同样的,离黄色越远的颜色,拥有的黄色就越少。绿色及橙色这两种二次色都含有黄色(图3.11)。

如下图所示,在这七种颜色中都拥有红色。向两边散开时,红色就含得越少。橙色及紫色这两种二次色都含有红色(图3.12)。

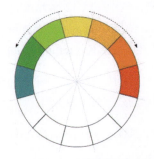
图3.11 包含黄色的色彩

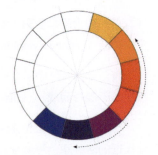
图3.12 包含红色的色彩

红、橙、黄、绿、蓝、紫为基本色相。在各色中间加插一两个中间色,其头尾色相按光谱顺序为红、橙红、黄橙、黄、黄绿、绿、绿蓝、蓝、蓝紫、紫、红紫。这十二色相的彩调变化,在光谱色感上是均匀的。如果进一步找出其中间色,便可以得到二十四个色相。在色相环的圆圈里,各彩调按不同角度排列,则十二色相环每一色相间距为30度;二十四色相环每一色相间距为15度(图3.13)。

最外层的色环,由纯色光谱秩序排列而成
中间一层是间色:橙、绿、紫中心部分是
三原色:红、黄、蓝各色之间呈直线对应
的就是互补色关系

图3.13 色相环

日本色研配色体系PCCS对色相制作了较规则的统一名称和符号。其中，红、橙、黄、绿、蓝、紫指的是其"正"色（当然，所谓正色的理解，各地习惯未尽相同）。正色用单个大写字母表示，等量混色用并列的两个大写字母表示，不等量混色主要用大写字母到色用小写字母。唯一例外的是蓝紫用V而不用BP。V是紫罗兰的首字母，为色相编上字母作为标记，便于正确运用及初学记忆（图3.14）。

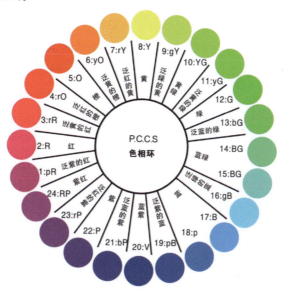

图3.14　PCCS色相环

（3）纯度

色彩的纯度是指色彩的鲜艳程度，人类视觉能辨认出的有色相感的色都具有一定程度的鲜艳度。所有色彩都是由红（玫瑰红）、黄色、蓝（青）色三原色组成，原色的纯度最高。所谓色彩纯度，应该是指原色在色彩中的百分比。

色彩可以由四种方法降低其纯度。

① 加白。纯色中混合白色，可以降低纯度，提高明度，同时各种色混合白色以后会产生色相偏差。

② 加黑。纯色混合黑色既降低了纯度，又降低了明度，各种颜色加黑后，会失去原有的光亮感而变得沉着、幽暗。

③ 加灰。纯度混入灰色，会使颜色变得浑厚、含蓄。相同明度的灰色与纯色混合，可得到相同明度不同纯度的含灰色，具有柔和、软弱的特点。

④ 加互补色。纯度可以用相应的补色掺淡。纯色混合补色，相当于混合无色系的灰，因为一定比例的互补色混合产生灰，如黄加紫可以得到不同的灰黄。如果互补色相混合再用白色淡化，可以得到各种微妙的灰色。

下面以纯度的红、黄、蓝、绿、紫和白色为例来说明色彩纯度的变化及其带来的感觉变化。

（1）红色

红色的色感温暖，性格刚烈而外向，是一种对人刺激性很强的色。红色容易引起人的注意，也容易使人兴奋、激动、紧张、冲动，还是一种容易造成人视觉疲劳的色。

在红色中加入少量的黄，会使其热力强盛，趋于躁动、不安；

在红色中加入少量的蓝，会使其热性减弱，趋于文雅、柔和；

在红色中加入少量的黑，会使其性格变得沉稳，趋于厚重、朴实（图3.15）；

在红色中加入少量的白，会使其性格变得温柔，趋于含蓄、羞涩、娇嫩。

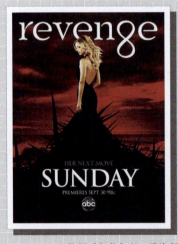

图3.15　2012美剧《复仇》第2季海报

版面构思：红、黑色的搭配

设计阐述：

1. 2012美剧《复仇》第1季的海报就很精彩，黑荆棘礼服让人印象深刻。而第2季从用色就体现出了情绪的升级。正面的礼服也转身成了更加性感的背部，血红色的天空，黑荆棘，这就是复仇。色调的处理迎合了海报的标题"她的进一步行动（Her next move）！"

2. 主副标题与人物成上中下竖向编排，构成了均衡的结构。

（2）黄色

黄色的性格冷漠、高傲、敏感，具有扩张和不安宁的视觉印象。黄色是各种色彩中，最为娇气的一种。只要在纯黄色中混入少量的其他色，其色相感和色性格均会发生较大程度的变化。

在黄色中加入少量的蓝，会使其转化为一种鲜嫩的绿色。其高傲的性格也随之消失，趋于一种平和、潮润的感觉；

在黄色中加入少量的红，则具有明显的橙色感觉，其性格也会从冷漠、高傲转化为一种有分寸感的热情、温暖；

在黄色中加入少量的黑，其色感和色性变化最大，成为一种具有明显橄榄绿的复色印象，其色性也变得成熟、随和；

在黄色中加入少量的白，其色感变得柔和，其性格中的冷漠、高傲被淡化，趋于含蓄，易于接近（图3.16）。

版面构思：黄、白色的搭配

设计阐述：

1. 版面整体色调为橙黄色，鲜亮的颜色最为抢眼，也符合电影欢乐的故事情节和主要角色特性。
2. 影片的名称和其他信息的颜色设计为白色和深灰色，对高明度、高纯度的橙黄色起到了中和作用，使影片更容易接近读者。

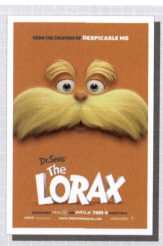

图3.16　电影《老雷斯的故事》海报

（3）蓝色

蓝色的色感较冷，性格朴实内向，是一种有助于人头脑冷静的色。蓝色的朴实、内向性格，常为那些性格活跃、具有较强扩张力的色彩提供一个深远、广阔、平静的空间，成为衬托活跃色彩的友善而谦虚的朋友。蓝色还是一种在淡化后仍然似能保持较强个性的色。如果在蓝色中分别加入少量的红、黄、黑、橙、白等色，均不会对蓝色的性格构成较明显的影响。

（4）绿色

绿色是具有黄色和蓝色两种成分的色。在绿色中，将黄色的扩张感和蓝色的收缩感相中庸，将黄色的温暖感与蓝色的寒冷感相抵消。这样就使得绿色的性格最为平和、安稳，是一种柔顺、恬静、满足、优美的色。

在绿色中黄的成分较多时,其性格就趋于活泼、友善,具有幼稚性;

在绿色中加入少量的黑,其性格就趋于庄重、老练、成熟;

在绿色中加入少量的白,其性格就趋于洁净、清爽、鲜嫩。

(5)紫色

紫色的明度在有彩色的色料中是最低的。紫色的低明度给人以一种沉闷、神秘的感觉。

在紫色中红的成分较多时,其知觉具有压抑感、威胁感;

在紫色中加入少量的黑,其感觉就趋于沉闷、伤感、恐怖;

在紫色中加入白,可使紫色沉闷的性格消失,变得优雅、娇气,并充满女性的魅力。

(6)白色

白色的色感光明,性格朴实、纯洁、快乐。白色具有圣洁的不容侵犯性。如果在白色中加入其他任何色,都会影响其纯洁性,使其性格变得含蓄(图3.17)。

在白色中混入少量的红,就成为淡淡的粉色,鲜嫩而充满诱感;

在白色中混入少量的黄,则成为一种乳黄色,给人一种香腻的印象;

在白色中混入少量的蓝,给人感觉清冷、洁净;

在白色中混入少量的橙,有一种干燥的气氛;

在白色中混入少量的绿,给人一种稚嫩、柔和的感觉;

在白色中混入少量的紫,可诱导人联想到淡淡的芳香。

图3.17 2013年玻利维亚国际海报设计双年展入选作品

版面构思: 白色与其他鲜亮色彩的搭配

设计阐述:

1. 标题英文字母采用不同明度和纯度均很高的颜色并重叠编排,给人以一种层次感和空间感。

2. 白色作为版面的底色,给人以素静、纯洁的感觉。与标题的颜色相互对比,使标题更加凸显。

3.2 色彩语言

3.2.1 色彩的情感性

色彩具有精神的价值。我们常常感受到色彩对自己心理的影响，且总是在不知不觉中发生作用，左右我们的情绪。色彩的心理效应发生在不同层次中，有些属于直接的刺激，有些要通过间接的联想，更高层次则涉及人的观念与信仰。

人们的切身体验表明，色彩对人们的心理活动有着重要影响，特别是和情绪有非常密切的关系。

在日常生活、文娱活动、军事活动等各种领域，人们的心理和情绪。都受到各种色彩的影响。古代的统治者、现代的企业家、艺术家、广告商等各种各样的人都在自觉不自觉地应用色彩来影响、控制人们的心理和情绪。人们的衣、食、住、行也无时无刻不体现着对色彩的应用：穿上夏天的湖蓝色衣服会让人觉得清凉；人们把肉类调成酱红色会更有食欲。

心理学家认为，人的第一感觉就是视觉，而对视觉影响最大的则是色彩。人的行为之所以受到色彩的影响，是因人的行为很多时候容易受情绪的支配。颜色之所以能影响人的精神状态和心绪，在于颜色源于大自然先天的色彩，蓝色的天空、鲜红的血液、金色的太阳……看到这些与大自然先天的色彩一样的颜色，自然就会联想到与这些自然物相关的感觉体验，这是最原始的影响。这也可能是不同地域、不同国度和民族、不同性格的人对一些颜色具有共同感觉体验的原因（图3.18）。

版面构思：白色与红色的搭配
设计阐述：

1. 版面采用在印度具有重要意义的红、白两种颜色，印度人崇尚白色，白象征着高贵和圣洁、真理与和平。印度男人的衣服都是白色的，印度的建筑物也以白色居多。红色则代表着生命、活力。极其简洁的两种色彩将主题表达得十分清楚。

2. 血是红色的，但版面中赋以白色，并放置在版面的正中，形成具有冲击力的视觉重心。

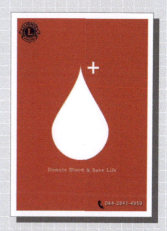

图3.18　印度srinivasan海报

对色彩与人的心理情绪关系的科学研究发现，色彩对人的心理和生理都会产生影响。国外科学家研究发现，在红光的照射下，人们的脑电波和皮肤电活动都会发生改变。在红光的照射下，人们的听觉感受性下降，握力增加。同一物体在红光下看要比在蓝光下看显得大些。在红光下工作的人比一般工人反应快，可是工作效率反而低。

（1）色彩的冷暖感

冷色与暖色是依据心理错觉对色彩的物理性分类。对于颜色的物质性印象，大致由冷暖两个色系产生。波长长的红光和橙、黄色光，本身有暖和感，以此光照射到任何色都会有暖和感；相反，波长短的紫色光、蓝色光、绿色光，有寒冷的感觉。夏日，关掉室内的白炽灯而打开日光灯，就会有一种变凉爽的感觉。

红、橙、黄色常常使人联想到旭日东升和燃烧的火焰，因此有温暖的感觉；蓝青色常常使人联想到大海、晴空、阴影，因此有寒冷的感觉；凡是带红、橙、黄的色调都带暖感；凡是带蓝、青的色调都带冷感。色彩的冷暖与明度、纯度也有关。高明度的色一般有冷感，低明度的色一般有暖感。高纯度的色一般有暖感，低纯度的色一般有冷感。无彩色系中白色有冷感，黑色有暖感，灰色属中（图3.19）。

图 3.19　Leica 防抖相机广告

版面构思：颜色的冷感

设 计 阐 述：

1. 右侧灰色的举着相机的人物以岿然不动的雕像形式生动地说明了相机出色的防抖功能。
2. 人物的朝向起到引导读者视线的作用。
3. 版面截取了雪山景象，蓝白色调的景色给人以冷感，使读者有身临其境的感觉。

（2）色彩的轻重感

物体表面的色彩不同，看上去也有轻重不同的感觉。这种与实际重量不相符的视觉效果，称为色彩的轻重感。感觉轻的色彩称为轻感色，如白、浅绿、浅蓝、浅黄色等；感觉重的色彩称为重感色，如藏蓝、黑、棕黑、深红、土黄色等。

色彩的轻重感一般由明度决定。高明度具有轻感，低明度具有重感；白色最轻，黑色最重；低明度基调的配色具有重感，高明度基调的配色具有轻感。明度高的色彩使人联想到蓝天、白云等，产生轻柔、漂浮、上升、敏捷、灵活等感觉。明度低的色彩使人联想到钢铁、石头等物品，产生沉重、沉闷、稳定、安定、神秘等感觉（图3.20）。

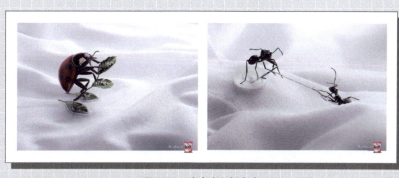

图3.20　碧浪洗衣粉广告

版面构思：白色的轻感

设计阐述：

1. 截取洁白的衣服图片放大处理，自然的褶皱加上白色调让人联想到碧波荡漾的情景，巧妙地寓意品牌"碧浪"。

2. 将动物图片放置在衣服图片中，赋予它们以冲浪、拔河的运动形象，十分可爱，从侧面反映了碧浪洗衣粉优良的去污效果。动物们小巧的身体也赋予以版面轻盈感。

色彩给人的轻重感觉在不同行业的版面设计中有着不同的表现。例如，工业、钢铁等重工业领域可以用重一点的色彩；纺织、文化等科学教育领域可以用轻一点的色彩。

（3）色彩的距离感

色彩的距离与色彩的色相、明度和纯度都有关。人们看明度低的色感到远，看明度高的色感到近，看纯度低的色感到远，看纯度高的色感到近。环境和背景对色彩的远近感影响很大。在深底色上，明度高的色彩或暖色系色彩让人感觉近；在浅底色上，明度低的色彩让人感觉近；在灰底色上，纯度高的色彩让人感觉近；在其他底色上，使用色相环上与底色差120°～180°的"对比色"及"或互补色"，也会让人感觉近。色彩给人的远近感可归纳为：暖的近，冷的远；明的近，暗的远；纯的近，灰的远；鲜明的近，模糊的远；对比强烈的近，对比微弱的远（图3.21）。

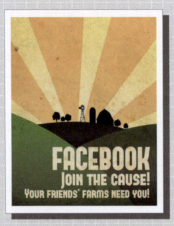

图3.21 国外网络服务宣传海报设计

版面构思：色彩的距离感

设计阐述：

1. 版面以透视角度从近到远颜色逐渐加深，图案元素逐渐变小，形成纵深感极强的风景画面。
2. 标题文字放置在版面的右下角位置，打破了传统的阅读习惯，给人以新鲜感。

（4）色彩的明快感与忧郁感

色彩的明快与忧郁感主要与明度和纯度有关，明度较高的鲜艳之色具有明快感，灰暗浑浊之色具有忧郁感。高明度基调的配色容易取得明快感，低明度基调的配色容易产生忧郁感，对比强者趋向明快，对比弱者趋向忧郁。纯色与白组合易明快，浊色与黑组合易忧郁。

色彩的兴奋与沉静感取决于刺激视觉的强弱。在色相方面，红、橙、黄色具有兴奋感，青、蓝、蓝紫色具有沉静感，绿与紫为中性。偏暖的色系容易使人兴奋，即所谓"热闹"；偏冷的色系容易使人沉静，即所谓"冷静"。在明度方面，高明度之色具有兴奋感，低明度之色具有沉静感。在纯度方面，高纯度之色具有兴奋感，低纯度之色具有沉静感。色彩组合的对比强弱程度直接影响兴奋与沉静感，强者容易使人兴奋，弱者容易使人沉静（图3.22）。

广告主题：都市轻运动，跑出属于自己的欢乐时光

版面构思：色彩的明快感

设计阐述：

1. 版面运动中的人物大小给人以进深感，营造出版面的空间感和动感。人物健康、活力的形象映衬了产品的品质。

2. 背景均等大小明度较高的鲜艳色块的编排，给人以均衡感、秩序感和明快感。手绘风格的图案传达出版面的个性、明快、时尚。

图3.22 李宁跑步鞋广告

（5）色彩的舒适与疲劳感

色彩的舒适与疲劳感实际上是色彩刺激视觉生理和心理的综合反应。红色刺激性最大，容易使人产生兴奋，也容易使人产生疲劳。凡是视觉刺激强烈的色或色组都容易使人疲劳，反之则容易使人舒适。绿色是视觉中最为舒适的色，因为它能吸收对眼睛刺激性强的紫外线。当人们用眼过度产生疲劳时，多看看绿色植物或到室外树林、草地中散散步，有助于消除疲劳。一般来讲，纯度过强、色相过多、明度反差过大的对比色组容易使人疲劳。但是过分暧昧的配色，由于难以分辨，视觉，产生困难，也容易使人疲劳（图3.23）。

版面构思：色彩的舒适感

设计阐述：

1. 将被弯折后的矿泉水瓶放大处理，放置在版面中心，使人们的视线能够有效地集中在瓶子之上。

2. 背景进行虚化，整体版面为淡雅的水蓝色调，给人以安宁、舒适的感觉。

图3.23 某品牌矿泉水广告

（6）色彩的音感

人们有时会在看色彩时感受到音乐的效果，这是由于色彩的明度、纯度、

色相等对比所引起的一种心理感应现象。通过色彩的搭配组合，使色彩的明度、纯度、色相产生节奏和韵律，同样能给人一种有声之感。就像美国艺术评论家罗金斯对色彩的魅力做过这样精彩的描述："任何头脑健全的、性情正常的人都喜欢色彩，色彩能在人们的心中唤起永恒的慰藉和欢乐，色彩在最珍贵的作品中，最驰名的符号里，在最完美的乐章上大放光芒。色彩无处不在，它不仅与人体的生命有关，而且与大地的纯净与明艳有关。"

一般来说，明度越高的色彩其音阶越高，而明度很低的色彩有重低音的感觉。有时我们会借助音乐的创作来进行广告色彩的设计，在版面色彩设计上运用音乐的情感进行搭配，就可以使版面主题的情绪得到更好的渲染，而达到良好的记忆留存。在色彩上，黄色代表快乐之音，橙色代表欢畅之音，红色代表热情之音，绿色代表闲情之音，蓝色代表哀伤之音（图3.24）。

图3.24　IndHED高级工艺啤酒宣传广告设计

版面构思：色彩的音感

设计阐述：

1. 整体版面的色调为橙黄，给人以欢畅之感。
2. 将广告之体——啤酒瓶图片缩小放置在版面的右下角，而将狗的头像放大处理放置在具有优先视觉位置的版面左侧，具有喜感的狗的面部表情也将欢畅的情感表露无遗。

（7）色彩的味觉感

使色彩产生味觉的，主要在于色相上的差。往往因为事物的颜色刺激，而产生味觉的联想。能激发食欲的色彩源于美味事物的外表印象，如刚出炉的面包；烘烤谷物与烤肉；熟透的西红柿、葡萄等。按味觉的印象可以把色彩分成各种类型。芳香色，"芬芳的色彩"常常出现在赞美词里，这类形容词来自人们对植物嫩叶与花果的情感，也来自人们对这种自然美的借鉴，尤其女性的服饰与自身修饰。最具芳香感的色彩是浅黄、浅绿色，其次是高明度的蓝紫色。芳香色是女人的色彩，因此这些色彩在香水、化妆品与美容、护肤、护发用品的包装上经常看到。浓味色，主要依附于调味品、陪送食品、咖啡、巧克力、白兰地、葡萄酒、红茶等，这些气味浓烈的东西在色彩上也较深浓。暗褐色、暗紫色、茶青色等便属于这类使人感到味道浓烈的色彩。

下面列出色彩的其他味觉，以便在设计时参考。

① 酸：黄绿、绿、青绿，主要来自未熟果实的联想（图3.25）。

② 甜：洋红、橙、黄橙、黄等比较具有甜味，主要来自成熟果实的联想，加白色后甜味转淡（图3.26）。

图3.25　色彩的味觉感——酸　　图3.26　色彩的味觉感——甜

③ 苦：黑褐、黑、深灰色，主要来自烤焦的食物与浓厚的中药（图3.27）。

④ 辣：红、深红为主色，搭配黄绿、青绿可现辣味，主要来自辣椒的刺激（图3.28）。

图3.27　色彩的味觉感——苦　　图3.28　色彩的味觉感——辣

⑤ 咸：盐或酱油之味觉，以灰、黑搭配及黑褐色为主（图3.29）。

⑥ 涩：以加灰和绿色为主，搭配青绿、橄榄绿来表现（图3.30）。

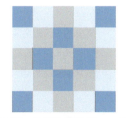 

图3.29　色彩的味觉感——咸　　图3.30　色彩的味觉感——涩

下面为一则系列食品广告，味感表现得十分到位（图3.31）。

图3.31　品客食品广告

广告主题："料"你诱惑难挡

版面构思：色彩的味感

设计阐述：

　　1. 融化的食品摊躺在桌面上，流淌的方向集中在版面右下角的食品包装盒上，起到视线引导的作用。

　　2. 用暗红色、奶白色和焦黄色代表着番茄、洋葱、烧烤口味的食品种类，营造出产品可口的味道。

　　3. 文字和融化的食品巧妙地融为一体，十分形象和立体。

3.2.2　色彩的心理差异

　　产生色彩心理差异的原因很多，如人们的性别、年龄、性格、气质、健康状况、爱好、习惯等。此外每个国家、每个民族的生活环境、传统习惯、宗教信仰等都存在差异，从而产生对色彩区域性的偏爱和禁忌。

（1）色彩的民族特征

　　色彩设计大师朗科罗在"色彩地理学"方面的研究成果证明，每一个地域都有其构成当地色彩的特质，而这种特质导致了特殊的具有文化意味的色谱系统及其组合；也由于这些来自不同地域文化基因的色彩不同的组合，才产生了不同凡响的色彩效果。

　　从时间来看，脆弱的人类由于外界恶劣的环境而本能地渴望掌握征服环境的技术，以求得安全感。随着时间的推移，氏族发展成部落，部落组成部落联盟，成为民族的最初形态。而这些在相同环境中生活的人群慢慢形成相似的生活习惯和生存态度。这种态度逐步演变成某种约定、规范，最终积淀下来，产生了民族的习惯。色彩的特殊意味是在本民族长期的历史发展过程中，由特定的本族经济、政治、哲学、宗教和艺术等社会活动凝聚而成的，是有一定的时间稳定性。

从空间来看，这种文化意味是特定民族的经济、政治、宗教和艺术等文化与民族审美趣味互相融合的结果。在一定程度上，这种色彩已经成为该民族独特文化的象征。

研究民族色彩要从下面几个方面研究：自然环境因素、经济技术因素、人文因素、宗教因素、政治因素。

以自然环境因素为例。人类的祖先对某种色彩的倾向最初是对居住的周围环境进行适应的结果。一切给予他们恩泽或让他们害怕的自然物都会导致他们对这些自然物的固有色彩产生倾向心理。如生活在黄河流域的汉民族对黄土地、黄河的崇拜衍生了尚黄传统，并把中华民族的始祖称为黄帝。因为黄帝是管理四方的中央首领，他专管土地，而土是黄色，故而得名。

此外，自然环境变迁也会导致民族色彩崇拜的改变。最典型的例子就是纳西族色彩信仰有多次重大变化，最初尚黑，后来纳西先民纷纷南迁，唤起了白色意识，最终形成纳西族的"黑白二元色彩文化"。

比如，意大利人喜好浓红色、绿色、茶色、蓝色、浅淡色、鲜艳色，讨厌黑色、紫色及其他鲜艳色；沙漠地区到处是黄沙一片，那里的人们渴望绿色，所以对绿色特别有感情，其国旗基本上都是以绿色为主色调。挪威人喜好红色、蓝色、绿色、鲜明色。丹麦人喜好红色、白色、蓝色。

在日本，随处可见青山绿水，可见"青"在日本人审美意识中的重要性。日语中"青"一词包括从青、绿、蓝至灰。同样"白"也是日本文化推崇的干净纯净的色彩。受到这一色彩观的影响，日本的许多设计师都热衷于运用体现自己国家民族色彩的颜色，如日本动画大师宫崎骏的动画，其作品以崇尚自然事物、植物生命和崇尚水的清纯无色为主，整个动画电影色彩画面都强烈体现出民族色彩感与民族文化（图3.32～图3.34）。

图3.32 日本DRAFT设计事务所广告招贴设计

图3.33 日本平面设计大师新村则人平面广告设计

图3.34 佐野研二郎：多摩美术大学系列推广海报

（2）色彩的性别特征

男性性格一般较为冷静、刚毅、硬朗、沉稳。喜好色彩一般多为冷色，且颜色大致相仿，色调集中于褐色系列，并且喜好暗色调、明度较低的中纯度色彩，同时喜欢具有男性有力特征对比强烈的色彩，表现其力量感。女性性格一般较为温婉，通常喜好表现温柔和亲切的对比较弱的明亮色调，特别是纯度较高的粉色系。但是女性喜爱的颜色各不相同，色调较为分散，多为温暖的、雅致、明亮的色彩。紫色被认为是最具有女性魅力的色彩（图3.35）。

图3.35 韩国banner网店女性服装海报设计

版面构思：色彩的女性化

设计阐述：

1. 将人物图片和物品图片都放大处理，放置在版面两侧。每个小幅版面均采用统一的编排方式，给人以整齐感。

2. 人物的着装和物品的色彩都是明度和纯度很高的鲜艳色调，因此版面的背景色都使用了浅明度色彩。

3. 淡雅的背景与鲜艳色调的组合营造出温暖的、雅致的、明亮的版面，尽显女性魅力。

（3）色彩的年龄特征

出生不到一岁的婴儿，由于视网膜没有发育成熟，大都喜欢柔和明亮的色调。儿童性格活泼，充满好奇心，对红、橙、黄、绿这类鲜艳的纯色色调的刺激很感兴趣。青年人喜欢的色彩跨度很大，从充满活力的纯色到强壮有力的暗色，都是年轻人喜欢的色彩。一般城市里的年轻人偏爱成熟理性的冷色。中年人的心里更期待宁静恬淡的生活氛围，喜欢稳重恬淡温和的色调。老年人的心里期待健康、喜庆、热闹，因此喜欢平静素雅的色彩和象征喜庆的红色（图3.36）。

图3.36 箭牌Hubba Bubba泡泡糖平面广告

广告主题： 吹出超乎想象
版面构思： 色彩的儿童化
设计阐述：

1. 诸位小时候是否也跟身边的小朋友们吹过牛皮呢？虽然笔者小时候非常诚实从不说谎，也会时常止不住地胡思乱想、异想天开。小孩子总是喜欢把自己的一些幻想告诉大家，甚至有时连自己都会怀疑自己幻想的是事实。小孩子的想象力相当丰富，用Hubba Bubba泡泡糖吹出来的巨型泡泡来意喻那非凡的想象力，可谓相当有创意。

2. 画面采用儿童画风格，使用了柔和色调的黄色、红色、蓝色等色系的颜色，色彩柔和明亮，体现出儿童时代的欢乐和天真。

（4）色彩的性格特征

人们由于性格类型不同而对色彩的喜好和心理感受也不同。一般性格外向、活泼的人喜欢明亮的高纯度、对比强烈的色调。性格内向、沉稳的人一般喜欢纯度低、温和的色调。最典型的例子就是中国京剧脸谱。京剧脸谱大致分为红脸、黄脸、黑脸、白脸、蓝脸、绿脸等，不同色调的脸谱表达了不同人物角色的性格、社会地位等信息，以及观众对角色的理解和评价。如黑色表示刚直和勇敢，红色表示忠义、勇猛、热心肠，紫色表示高贵、善良、耿直等（图3.37）。

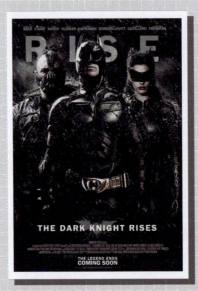

图3.37　影片《蝙蝠侠：黑暗骑士崛起》海报

版面构思：色彩的儿童化

设计阐述：

1. 黑色的人物造型及背景融为一体，充分地营造出影片人物的刚正、勇敢、霸气。

2. 人物图片满版排布，标题文字摆放在人物图片后面，其他相关文字信息则放置在人物图片下方前部，形成了版面的层次感。

3.3　色彩在版面设计中的应用

色彩的搭配有时会影响到设计的成败。再好的编排也要通过色彩的搭配才能完美呈现。因此，色彩对版面设计具有极其重要的作用。

3.3.1　利用色彩表现准确的设计主题

在版面设计中，色彩的搭配与设计的主题息息相关，良好的色彩搭配可以使读者在第一眼就能大致感受到设计主题所要表现的氛围和感觉，并强化设计要传达的信息，让读者产生心理上的共鸣，进而达到宣传的目的（图3.38）。

版面构思：利用色彩表现准确的设计主题

设计阐述：

1. Shutterstock 工作室创作的海报将波普元素融入其中。虽然艳丽的色彩与影片本身较为阴郁紧张的氛围不是很搭，然而却与影片里那句极富戏谑意味的台词"Argo，fk yourself"有着异曲同工之妙，流行文化和电影工业也有可能成为解决政治事件的灵感源泉。

2. 图案和文字重叠排布，颜色交叠融合，版面设计感强。

图3.38　奥斯卡获奖影片《逃离德黑兰》海报

（1）简明色相营造的淳朴感

在色彩的三个要素中，色相是构成色彩的最大特征，是由色彩的波长来决定的。每个色彩都有相应的色相名称，人们通过色相来对不同的色彩进行识别和辨认。在版式的色彩设计中，人们常通过色相的选择与调配来帮助版面打造简洁、明朗的视觉效果。

在版式的配色设计中，简明扼要的配色关系能帮助版面打造出相对清新、舒适的视觉空间，使设计主题得到直观呈现，同时给观赏者留下积极的印象。为了使版面达到该类视觉效果，在符合主题的情况下可以选择色相上显得朴实、柔和的一类色彩（图3.39）。

图3.39　JWT 为 Century Travel 旅行社设计的广告

广告标题为：你的世界尽头在哪里（Where Does Your World End）
版面构思：简明色相营造的淳朴感
设 计 阐 述：

1. 在版面中采用大量的低明度色彩，以降低画面的鲜艳度，使其呈现出朴实的效果。
2. 图片满版设置，给人以辽阔的视觉空间感。

可以通过特定的色相来提炼版式的简洁感。除此之外，还可以通过控制版面用色的数量来影响版式的风格倾向。例如，将与主题无关的色相进行大量删减，利用单纯的色相关系使画面呈现出淳朴的视觉效果等（图3.40）。

图3.40　2013 One Show Design 海报类优胜奖作品

版面构思：少量色彩营造版式的简洁感
设 计 阐 述：

1. 设计者尽量减少画面中的配色数量，以最精简的色彩搭配来表现画面的主题。
2. 简洁的配色关系与简笔画式的图形元素共同构成淳朴、简约的版式效果。

（2）不同色彩明度产生的不同印象

明度是色彩的深浅和明暗系数。在自然界中，所有色彩都会受明度的影响。色彩的明度值取决于它反射的光的强度。不同明度的色彩，所带给人的视觉印象也是有差异的，如高明度的色彩给人以明亮感，低明度的色彩给人以低沉感，而中低明度的色彩则给人以含蓄感等。

① 低明度。低明度是指反光能力较弱的一类颜色，如黑色、墨绿色等。在版式的配色设计中，设计者可以运用低明度的色彩来使画面表现出低沉、暗淡的视觉效果，同时给观赏者留下冷峻、严肃的印象（图3.41）。

图3.41 救助儿童海报设计

海报主题：循环往复的暴力。统计数据显，70%被虐待的孩子长大后又会成为虐待儿童的成人；墨西哥Save the Children（救助儿童）组织在去年5月发布了以下这组宣传海报；从画面不难看出广告的意图，一个人有不同的人生阶段，下面的五个角色可以说是儿童从小时候到成年的五个阶段，循环反复，此刻正在遭受虐待的儿童，转眼可以变成明日施暴的成人。

版面构思：色彩的低明度

设计阐述：

1. 通过降低环境色彩的明度，使画面整体呈现出沉闷、压抑的视觉感受。
2. 人物图像元素明度高于环境色明度，使海报的宣传主题表现得形象、生动。

② 中明度。中明度是指明度的中短调。该类色彩的明度介于低、高明度的中间，所以在视觉上既保持了高明度的柔和，同时又中和了低明度的朦胧，因此中明度的颜色常被设计者用来表达平淡、朴实的版面主题（图3.42）。

版面构思：色彩的中明度

设计阐述：

1. 画面中的几种色彩被调配为中明度，降低了明度的色彩组合，使版面呈现出平淡、舒缓的视觉效果。
2. 将色调元素以规整的方式竖向排列，文字均匀布置在图形元素的上下，从而在形式上强化了版式的平衡感。

图3.42 图形设计师Aaron Wood设计的网络服务宣传海报

③ 高明度。高明度色彩就是指反光能力较强的一类色彩，如柠檬黄、粉红色和浅紫色等。由于高明度色彩在视觉上能带给人明快、清晰、亮丽的印象，所以常被应用在以表达积极、活泼等因素为主的版式设计中（图3.43）。

版面构思：色彩的高明度

设计阐述：

1. 主体物为黑色面、线组合而成，简洁、明了、清晰。
2. 背景设置为明度高的黄色，主体物得以凸显，整个画面显得十分明亮、富有层次感，宣传目的得到有效传达。

图3.43 日本节电宣传海报设计

（3）纯度决定了版面的新鲜度

在色彩学中，我们所提到的纯度是指该色彩的鲜艳程度。简单来说，纯度越高的色彩在视觉上就会显得格外鲜明；相反，当纯度偏低时，就会使色彩呈现出浑浊的效果。设计者通过调配色彩的纯度来对版面进行渲染，以使画面表现出不同的视觉情调与氛围。

① 低纯度。低纯度是指鲜艳度较低的一类色彩，当色彩中含有的原色比例相对较少时，色彩的纯度值就会偏低。在版式设计中，将低纯度的颜色运用在视觉要素的色彩搭配上，可以有效地降低画面整体的鲜艳度，使画面表现出沉稳、冷静的视觉效果（图3.44）。

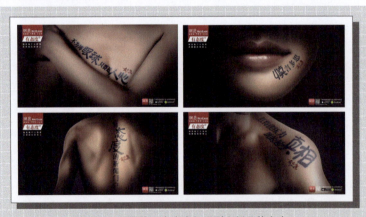

图3.44 网易推"有态度"系列全新品牌广告

广告主题：网易门户正式发布了全新的"有态度"系列品牌广告，以"激发每一个人思考，态度在就在你身上"为品牌理念，由良心篇、慎言篇、肩膀篇、人心篇、低腰篇、脊背篇6篇章构成。该系列广告由BBDO Proximity(天时广告)担任创意、制作，以超近视距的影像特写来表现存在于每个人身体上的人生态度，目前广告已经正式出街。

"扛得住压力，顶得起真相"、"不为博眼球，只为近人心"、"慎言多思"等多个态度宣言，借用刺青的形式，阐释网易"有态度"的理念，加强更具活力、年轻、有个人观点的品牌形象。平面广告采用了尺度较大的裸露人体部位、铿锵有声的态度文案，就是希望通过"态度在每个人身上"的创意理念，找到网易与用户的连接点，鼓励思考，传递勇气，关注每一个人在思想与行动力上的提高。

版面构思：色彩的低纯度

设计阐述：
1. 在背景中施以大量的低纯度颜色，以此打造出沉稳、庄重的视觉氛围。
2. 写有体现海报主体意义字体的人物身体部分部位明度增强，用保持健美的身材体现主题所要表现的"态度"。

② 中纯度。中纯度就是位于高、低纯度中间值的一类色彩。中纯度色彩在视觉上既不鲜艳也不暗淡，而是呈现出一种相对平缓、淡定的状态，所以常被用来打造温和、统一、静态的版式效果（图3.45）。

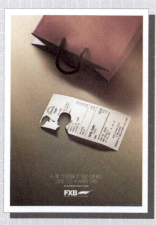

图3.45　Association François-Xavier Bagnoud儿童公益平面广告

广告主题：您的一小部分费用，可以送孩子去上学。

版面构思：色彩的中纯度

设计阐述：
1. 将背景与主体物设置为中纯度的配色，使画面表现出高度统一。其中主体物的亮度偏高，形象得到突出，能使读者有效地阅读到广告表达的主题思想。
2. 主体物中孩子的形象采用了剪纸的表现手法来表达出公益广告的对象，提升了版面的层次，以引发读者的兴趣。

③ 高纯度。纯度越高的色彩在视觉上就显得越发鲜艳与干净。将高纯度的色彩应用在版式设计中，能有效地提升版面整体的艳丽感，同时带给读者生动、鲜艳、华丽的视觉印象（图3.46）。

图3.46 Glide Razor剃须刀平面广告

广告主题：大多数年轻女性喜欢刮得干干净净的男人。
版面构思：色彩的高纯度
设计阐述：

1. 设计者采用高纯度的背景色与图形配合，使画面表现出时尚、惊艳、跳跃的视觉效果。
2. 采用具有光滑外皮的蔬果实物照片表现方式来使版面生活化、贴近读者；同时在右下角采用部分留白的艺术处理手法，配合剃须刀的形象再次强化宣传产品的强大功能。

（4）不同版面的情感色调

色彩是一种以视觉为传播途径的媒介，通过特定的视觉传达方式带给观赏者相应的心理暗示，并同时引发该对象产生情绪的波动与变化。在实际的版式配色中，可以根据设计主题与读者群体的心理特征，并结合相应的色彩要素来完成主题的情感表达。

① 清冷。冷色主要包括蓝、绿和紫色等。冷色使人联想到冬天、海洋和夜晚等元素，并带给人深远、广阔的视觉感受。因此将这类色彩运用到版式设计中，可以搭配出具有宁静、幽远等情感的色调组合（图3.47）。

图3.47 《周末画报》环保宣传海报

广告主题：脆弱的深蓝。海洋可比喻成地球的肺，我们呼吸的氧气大部分由它提供。海洋是食品和药品的主要来源地，同时也是生物圈的重要组成部分。2013年6月8日是联合国正式设立世界海洋日的第四年。当年，联合国希望世界各国都能借此机会关注人类赖以生存的海洋，让人们审视因每年城市化快速发展、泛滥的全球性开采以及鱼类资源过度消耗等问题给这片"脆弱的深蓝"带来的不利影响。以此警示我们，保护深蓝刻不容缓。

版面构思：色彩的清冷感

设计阐述：

1. 版面配色以深蓝色为主，通过该种配色方式使画面呈现出安宁、平静的氛围。

2. 将穿着个性、身材曼妙的时尚女性摆放在版面中，与清冷的深蓝色环境形成对比，使版面展现出庄重、严肃的视觉效果。

② 温暖。暖色能在视觉上给读者以温暖、饱满、愉悦的心理感受。常见的暖色有红、橙和黄色。在版式的配色中，常利用画面中的暖色调来刺激读者，使其感受到版面中色彩之间的活跃与激情（图3.48）。

图3.48 "Crimson"杂志海报

版面构思：色彩的温暖感

设计阐述：

1. 采用大量的红色、暗红色等偏暖的色彩来调配版面色调，使其呈现出浓浓的暖意和浪漫气息。

2. 对海报中的主题元素玫瑰花采用微距拍摄，并进行有效裁切、满版布置，使画面视觉十分饱满。

3. 海报主要相关信息文字布置在版面正中间高纯度的红色面块上，字体为白色，在红色背景的衬托下十分清晰。

③ 兴奋。当在版式中使用高纯度、高明度的色彩时，就能有效地刺激读者的视觉神经，并使其产生亢奋、激动的心理变化。在版式设计中，通过对这类色彩的使用可以使读者从中感受到活跃、兴奋的视觉感受（图3.49）。

版面构思：色彩的兴奋感

设计阐述：

1. 通过多种明度和纯度均很高的色彩相配提亮版面，以刺激读者的视觉器官，使他们兴奋起来。

2. 通过不规则流线型图形元素来增强版面的灵动感，并使海报主题得到充分表达。

图3.49　2013 One Show Design 海报类优胜奖作品

④ 积极。在配色设计中，可以通过特定的配色方式来调动读者的积极情绪，并使他们对画面整体产生好感。为了营造出积极的视觉氛围，可以选择一些如粉绿色、米色和淡蓝色等明度偏高的色彩，并以组合的方式呈现在版面中，使画面整体呈现出清新、舒适的感官效果，从而给读者留下积极的印象（图3.50）。

图3.50　FILA（斐乐）日本平面广告

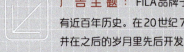

广告主题：FILA品牌于1911年由FILA（斐乐）兄弟在意大利BIELLA创立，至今已有近百年历史。在20世纪70年代，FILA（斐乐）配合多元化策略，拓展运动服装业务；并在之后的岁月里先后开发了高尔夫、网球、健身、瑜伽、跑步及滑雪系列，最终奠定了世界著名运动品牌的中坚地位，被认为是艺术的代表、奢华的典范。

FILA完美的设计和优雅的线条，展示了运动的艺术思维；精湛工艺和独特的面料，代表了品牌的时尚典范，彰显了FILA（斐乐）积极的生活态度和高雅的运动艺术。

以上为一组FILA（斐乐）品牌在日本做的平面广告，主题分别是高尔夫和网球。

版面构思：色彩的积极感

设计阐述：

1. 设计者将明度和纯度都高的色彩与健康、活力的人物动作搭配在一起，整个画面积极、清新。

2. 利用无彩色与有彩色在视觉上的对比效果，突出了主体物的形象。

3. 该系列广告插画与摄影结合，活泼轻松。

⑤ 活跃。色彩在版式设计中扮演着极其重要的角色，能带动人们的情绪，并使其产生相应的心理变化。例如，可以使用多种色彩来调配版面中的视觉要素，利用不同色彩在情感表达上的差异来丰富版式的配色关系，并使其呈现出活跃、欢快的视觉氛围（图3.51）。

海报主题：1894年捷克作曲家Dvořák回到祖国时创作了这首乐曲。在海报中，中提琴部分的线条起伏跳跃表现出旋律攀升与色彩变化。圆点表示钢琴伴奏部分音符时值。两者重叠，呈现出迷幻而浪漫的织体层次，跳跃活泼，行板如歌，热烈激昂，重现主题四个部分。

版面构思：色彩的活跃感

设计阐述：

1. 设计者将多种色彩以组合的方式拼贴在一起，从而形成了版面的活跃氛围。

2. 由简单的曲线组合形成抽象图案，在视觉上提升了版面整体的层次感。

图3.51 庞蕾：边听边看系列音乐海报

⑥ 欢快。在色彩设计中，增加版面中鲜艳色彩的配色数量，可使画面呈现出热闹、欢腾的视觉效果。这里的鲜艳色彩是指它们的高明度指数。与高纯度指数，值得注意的是，当我们将这些色彩投放到画面中时，一定要控制好它们的搭配关系，以免出现配色方式过杂的情况（图3.52）。

版面构思：色彩的欢快感

设计阐述：

1. 版面中上部抽象图案由高纯度的不同色彩不同形状色块搭配组合而成。通过这些色彩斑斓的配色，使读者心情欢快、愉悦。

2. 通过色块间有秩序的排列方式，从形式上构成了视觉上的热闹感。

图3.52 巴西最优秀的50个工作室主题海报设计

⑦ 信赖。在版式设计中，选择具有低沉感的色彩，如黑色、深蓝色、墨绿色和银灰色等来调配物象间的配色关系，可以使画面整体呈现出稳健、沉重、成熟

的视觉效果，从而给读者带来心理上的信赖感。由于该类配色方式能使读者内心感到踏实和放松，因此常被应用在以医学、科普等为题材的出版物中（图3.53）。

图3.53 鳄鱼2013-T恤服饰平面广告

版面构思：色彩的信赖感

设计阐述：

1. 人物的衣服为墨绿色、枣红色T恤分别搭配深蓝色牛仔。通过该搭配，加上图中模特健康的形象，使读者产生踏实的信赖感受，从而增强对模特所代言产品的信赖感。

2. 通过将背景画面设置为银灰色，进一步增强了版面整体色彩的平衡感。

⑧ 沉寂。在版式的配色设计中，将低明度和低纯度的色彩结合在一起使用，可以使画面呈现出沉寂、静止的视觉氛围。设计者通常利用该种配色方式来抑制观赏者紧张的情绪，使其感受到内心的宁静。除此之外，也使版面主题的表现变得更透彻（图3.54）。

图3.54 意大利婴儿用品公司Cam Curioosity的系列广告

广告主题：设计师Matteo Pozzi向我们展示了儿童的强大想象力，他们奇妙的想法和逼真的梦幻世界都是我们大人所无法理解的。广告希望通过孩子们的想象力从而了解父母的想法。

版面构思：色彩的沉寂感

设计阐述：

1. 设计者将版面的环境背景设置为夜晚中的街道，整体色调明度偏低，营造出沉寂的视觉感受。

2. 将画面进行艺术化处理，增强了版面的神秘感，同时也使广告的主题得以充分表达。

⑨ 压抑。众所周知，情绪有喜怒哀乐的变化，味觉也有酸甜苦辣的不同，这些都是人们能够切身体会到的感受。而通过色彩也能使人们产生类似的感触。需要注意的是，在不同的环境与主题下，同种色彩所带来的情感表述是存在差异的，如黑色既可以增强版面的稳重感，也可以使画面呈现出压抑感（图3.55）。

图3.55　韩国2013年新片《监视》宣传海报

版面构思：色彩的压抑感

设计阐述：
1. 在背景中施以大量的低纯度黑色，以打造出压抑、低沉、暗淡的视觉氛围。
2. 主体人物面部被特意照亮，人物眼神透出电影故事节奏的紧张。
3. 大号字体的电影名称和较小号字体的其他电影相关信息有侧重地布置在海报中，以帮助阅读者理解画面的主题信息。

3.3.2　利用色彩打造出色的版面效果

缺乏对比的版面设计容易给人以单调、乏味的印象，而适当的对比可以活跃版面。利用色彩搭配表现反面对比效果是其中的一种方式。

3.3.2.1　利用无彩色打造版面效果的深度

无彩色是指除去有彩色以外的其他色彩。在版式设计中最常见的无彩色有3种，即黑色、白色和灰色。虽然无彩色没有被包含在可见光谱中，但在情感表达方面，它们都具有完整的色彩性质，并具备风格迥异的视觉特征，因此它们在版式设计中的应用也是十分广泛的。

（1）白色

白色包含了光谱中所有光的颜色，也因此被称为"无色"。白色是一种明度非常高的无彩色，它在版式设计中有着非常广泛的象征意义，如贞洁、雅致和高雅等。除此之外，白色的背景还能突出主体物的视觉形象（图3.56）。

版面构思：干净的白色

设计阐述：

1. 白色的背景给人以素雅的感觉，也突出了主体物的视觉形象。
2. 版面的主体为黑白两把叠加的椅子，这把椅子是丹麦极负盛名的设计大师Verner Panton维尔纳 潘顿最著名的设计。设计灵感来源于他丰富和与众不同的想象力，Panton椅外观时尚大方，有着流畅大气的曲线美。因此将这把椅子作为版面的主体，与该设计展十分协调。

图3.56 2013年玻利维亚国际海报设计双年展入选作品

（2）黑色

黑色的定义是没有任何可见光进入视线范围，或者说由于颜料吸收了所有的可见光，因而给人的感觉是黑色。黑色容易使人联想到夜晚、宇宙等元素，因此常给人以深邃、宁静、严肃的视觉感受（图3.57）。

海报主题：2012美剧HBO的热门时事剧情剧《新闻编辑室》在去年制造了一股追剧风潮。

版面构思：深邃的黑色

设计阐述：

1. 版面大块留黑，给人以遐想、想象的空间。
2. 由杰夫 丹尼尔斯饰演的主角Will McAvoy坐在新闻间中沉思，这个部分也只占了海报整体的四分之一。下面一句"More as this story develops."本来是剧集拍摄最初所用的名字：随着故事的延伸发展，会产生更多的新故事……图片放置在版面的最上面，符合读者常规的阅读视线走向。
3. 文字采用黑、蓝两色，根据与影片主题的相关性，采用不同大小的字体，使版面具有层次感和设计感。

图3.57 2012美国时事剧情剧《新闻编辑室》海报设计

（3）灰色

灰色是介于白色和黑色之间的一种色彩。在无彩色中，大部分色彩都属于灰色。值得一提的是，灰色不具备纯度与色相，而只存在明度。在情感表述上，灰色兼顾了白色和黑色的基本特征，因此总能带给人细腻、柔美、含蓄的视觉印象（图3.58）。

海报主题：无处不在的互联网接入服务。

版面构思：柔和的灰色

设计阐述：

1. 借用经典童话故事《小红帽》中外婆被狼吞进肚子的故事情节，不同的是外婆的悠然上网，以诙谐的表现手法拉近了与读者的距离。

2. 版面整体色调为灰色，给人以温暖、细腻的感觉。

3. 将海报的宣传对象MTS电信服务以红色无线网卡的具体物象形式表达，与插在外婆电脑端口的红色网卡相呼应，有效地宣传了MTS电信无处不在的互联网接入服务。

图3.58　MTS电信宣传海报

在色彩设计中，无彩色时常以组合的方式被运用到版式设计中。由于白色与黑色是该系颜色中的两个极端，因此它们具有鲜明的视觉表现力。而灰色在其中除了能起到过渡的作用外，还能维持画面的平衡感，使版面呈现出相对舒适、缓和的视觉效果（图3.59）。

版面构思：无彩色的组合

设计阐述：

1. 用无彩色描绘出生动的人物形象，传神的表情拉近了与读者的距离。

2. 主角人物形象则采用深绿色线描，得到凸显，版面层次感强。

3. 海报由Joshua Budich设计，细腻的线描风格与细腻的爱情故事相得益彰。

图3.59　奥斯卡提名奖影片《乌云背后的幸福线》海报设计

3.3.2.2 利用色彩凸显版面的重要信息

运用色彩的对比可以表现版面中的重要信息，令读者能够快速准确地将目光锁定在重点内容上，以达到有效传达信息的作用。主要利用色彩与色彩间的色相、明度、纯度和色调之间的差异来表现，这是色彩设计中十分常见的表现手法（图3.60）。

图3.60 美国纽约州水牛城新闻报版式设计

版面构思：利用色彩凸显版面的重要信息

设计阐述：

1. 版面呈规规整整的上下结构，十分稳重。将主体图片放大处理，突出了版面要重点表述的内容。

2. 版面整体呈黑白色调，人物上衣着装为蓝色，色彩与色彩间在色相、明度、纯度和色调之间的差异使人物象立体化，形成了阅读视线的焦点。

3. 对版面内文字的编排根据内容分别居中对齐、齐左对齐，版面结构十分丰满。

3.3.2.3 利用色彩凸显版面主体

为了凸显版面中的主体元素，常常通过将其放在版面的重心位置，并放大处理，或在主体元素周围使用大面积留白等编排方式来达到凸显主体元素的目的。除了上述方法外，利用色彩间的对比来凸显主体也是一种经常使用的有效方法。其主要通过不同色彩间的色相、明度、纯度和色调之间的差异来表现（图3.61）。

图3.61　KISS FM 97.7电台广告

版面构思：利用色彩凸显版面主体

设计阐述：

1. KISS FM 97.7的这则广告相当欢乐，复古磁带道出一句："iPod，我是你爸爸"，暗指KISS FM 97.7作为传统媒体下的音乐广播，对音乐的传播及影响历史更为久远，掌握流行趋势的道行也更加资深。

2. 将深沉的黑色复古磁带放置在版面正中央，与动感、活力的红色背景形成对比，得以凸显。

3. 版面整体配色折射出KISS FM 97.7电台的不羁与活力。

3.3.2.4　利用主次色调增强版面节奏

在版面设计中，通常会以一种色调作为主要色调。但如果所有元素都只用一种色调来表现，就很容易给人以沉闷、单一、平淡的感觉。因此除了主色调外，往往还会有一种次要的辅助色调，以形成版面中的色彩对比，使整体富有变化、节奏感和生动感，同时还能达到凸显主体的作用（图3.62）。

图3.62　国外某网站网页设计

版面构思：利用主次色调增强版面节奏

设计阐述：

1. 红色色块、红色字体和红色细直线的使用，使版面整体富有变化、节奏感和生动感。
2. 版面底色采用大面积的白色，并夹杂以灰色为底色的段落，整体色调简洁、明快。

3.3.3 色彩组合表现丰富的版面空间感

色彩是表现版面空间感的重要元素。色彩与色彩之间的属性差别和色调差别，形成了版面中丰富的层次及空间感，令版面更具表现力（图3.63）。

图3.63 国外某时尚杂志版面布局设计

版面构思：无彩色的组合

设计阐述：

1. 形态各异的香水瓶、香水瓶形成的透视效果和瓶内香水深浅的光影效果给人以丰富的版面空间感。
2. 将标题文字放大处理放置在图片右上角的空白处，使版面更加丰满。

色彩的组合方式种类繁多且各具特色，最常见的搭配有同类色、邻近色、类似色、对比色和互补色。

3.3.3.1 同类色表现的版面空间感

同类色主要指在同一色相中所呈现的不同颜色。其主要色素倾向都比较接近，如红色类中有紫红、深红、玫瑰红、大红、朱红、橙红等种类。同类色的色样之间差距较小，可以运用色彩明度的差别来营造空间感——用低明度色彩表示远景，高明度色彩表示近景；也可以利用色彩纯度的前进感和后退感来营造版面的空间层次感——用高纯度的色彩表现近景低纯度的色彩表现远景。这些都属于难度较高的配色类型。

（1）同类色对比

在版式设计中采用同类色组合，为了增强画面中的对比度，可以适当地在画面中增加一些该种色彩的过渡色。通过这种方式不仅能营造出单纯、统一的画面效果，同时还能使版面的色调变得更为丰富与细腻（图3.64）。

版面构思：同类色对比

设计阐述：

1. 将明度差异成有序变化的紫色同色系色彩运用到版面中的图案，形成了层次感和立体感极强的配色关系。
2. 将抽象的垂钓帆船和小鱼的图案分别放置在版面的中上偏右和左下角位置，使版面整体感和趣味感增强。

图3.64 2013年玻利维亚国际海报双年展入围作品海报 文化类

（2）同类色调和

调和，顾名思义就是降低同类色间的对比性。通常情况下，可以采用明度值相近的同类色来进行版式搭配，利用色彩间微弱的明度变化来打造和谐、统一的视觉氛围。除此之外，还能使版式中的主题得到突出和强调（图3.65）。

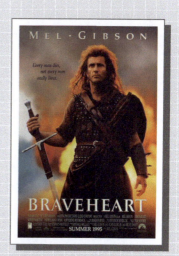

海报主题：本片讲述了英雄之后华莱士带领苏格兰人民揭竿起义，对抗敌人的英雄故事。在威廉·华莱士被斩首后，受到其勇气影响的苏格兰贵族罗伯特·布鲁斯再次率领华莱士的手下对抗英格兰，这次他们大喊着华莱士的名字，并且在最后赢得了热盼已久的自由。

版面构思：同类色调和

设计阐述：

1. 降低色彩之间在明度上的差异，通过同类色的调和作用营造和谐、统一的版面空间。
2. 将人物造型满版布置，在视觉上给人以高大、勇敢的形象，使人很容易感受到影片的故事情节。

图3.65 电影《勇敢的心》海报

3.3.3.2 类似色表现的版面空间感

类似色是指色相环上相连的两种色彩,如黄色与黄绿色、红色与红橙色等。类似色在色相上有着微弱的变化,因此该类色彩被放在一起时很容易被同化。但相对于同类色来讲,一组类似色在色相上的差异就变得明显了许多。

（1）类似色对比

为了在版面中有效地区分类似色彩,可以在该组色彩中间加入五彩色或其他色彩,以制造画面的对比性。通过这种方式不仅能有效地打破类似色搭配所带来的呆板感与单一性,同时还能赋予版面以简洁的配色效果（图3.66）。

图3.66 《变形金刚4：灭绝时代》海报设计

版面构思：类似色对比

设计阐述：

1. 在一片黄沙中,海报亮出了由数字4和霸天虎标志组成的主片名Logo,副片名"灭绝时代"（Age of Extinction）则暗指新角色"机器恐龙"即将登场。
2. 利用光影效果对主标题造成的类似色对比效果,强化了主标题的金属感和立体感,营造出变化丰富跳跃的色彩层次。
3. 版面的图形元素打造出粗犷简约的视觉空间。

（2）类似色调和

由于类似色在色相上存在着较弱的对比性,因此通过使用类似色搭配,可以为版面营造出舒适、淳朴的视觉氛围;同时利用该画面效果,还能带给读者深刻的印象（图3.67）。

版面构思：类似色调和

设 计 阐 述：

1. 利用黄色与黄绿色类似色之间在色相上的弱对比以及在明度和纯度上渐层处理，营造出动感、深邃的立体空间，展现出平缓、低调的视觉氛围。

2. 将简短的标题文字放置在版面下方，使版面更加稳重。

图3.67 2013年玻利维亚国际海报双年展入围作品主题海报类

3.3.3.3 邻近色相表现的版面空间感

通常情况下，将色相环上60°～90°之间的色彩称为邻近色，如橙黄色与黄绿色就是一对邻近色。相对于前两种色彩搭配来讲，邻近色在色相上的差异性最大，因此该类色彩在进行组合时，所呈现出的视觉效果也是十分丰富和活泼的。

在版面的配色过程中，为画面融入适量的邻近色，可以使画面体现出柔美别致的一面；同时还可以使版面的艺术性得到提升，给观赏者留下亲切的视觉印象（图3.68）。

版面构思：邻近色相表现的版面空间感

设 计 阐 述：

1. 利用大面积的邻近色橙、黄、绿色和小面积的对比色红、绿蓝色在色相上的对比效果，营造出柔和、美妙的视觉氛围。

2. 版面中粗细自由曲线的组合编排，塑造了版面的流动性，形式上加强了色彩之间的对比效果。

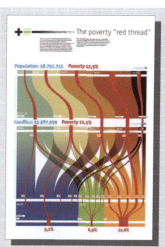

图3.68 国外创意图表设计

3.3.3.4　对比色相表现的版面空间感

在版面设计中，运用对比色的方法来表现空间感，可以使版面更加灵活。通过对比色之间的冷暖、明度、面积、形态等方面的差异，形成前进、后退、重叠等视觉效果，使版面具有丰富的层次感和空间感。而且，色相间的对比比同类色的对比效果更具有变化，版面效果更生动。

通常情况下，将色相环上间隔120度左右的两种色彩称为对比色，常见的对比色有蓝色、绿色与红色等。对比色在色相上有着明显的差异性，在版面设计中配色主题合理地将对比色进行组合与搭配，可以使画面展现出鲜明、个性的视觉效果。

（1）强对比

对比色本身具备较强的差异性，为了在版面中加深它们之间的对比性，可以适当地提升色彩的纯度与明度，或扩大对比色在版面中的面积，从而增强对比色的冲击力（图3.69）。

图3.69　NIKE运动鞋海报设计

版面构思：色彩的强对比

设计阐述：
1. 通过明度和纯度很高的红、蓝、绿色之间的对比营造出版面的层次感和个性、年轻。
2. 灰色的背景色突出了色彩之间的对比强度，并突出了版面主体物。

（2）弱对比

将对比色的纯度或明度调低可以有效地减弱色彩间的对比性。除此之外，还可以在对比色间加入渐变色，利用渐变色规则的变化性来缓解对比色的刺激效果，使画面变得更加自然、和谐（图3.70）。

版面构思：色彩的弱对比

设计阐述：

1. 通过降低色彩的明度和纯度减弱了色彩在彩度上的对比，营造出温馨、和谐、稳重的画面。

2. 手写风格的字体与玫瑰花图案的组合，强化了版面主题的浪漫色彩。

图3.70 2013年post it awards海报设计获奖作品

3.3.3.5　互补色相表现的版面空间感

互补色是指在色相环上间隔夹角为180°左右的一对色彩且。常见的互补色有红与绿、黄与紫以及蓝与橙3种。在色彩搭配中，补色的对比性是最强的，因此将互补色组合在一起可使版面产生强烈的视觉冲击力。为了更好地发挥互补色的作用，应根据主题的需要，以此为根据对补色进行适当的加强与调和处理。

（1）强对比

互补色是一对具有强烈刺激性的配色组合，在视觉上能给人以冲击感。在版式的配色设计中，利用补色间的强对比性，可以打造出具有奇特魅力的视觉效果，同时给读者留下非常深刻的记忆（图3.71）。

版面构思：互补色的强对比

设计阐述：

1. 将蓝色和橙色在明度上调高，增强了互补色之间的对比度，引发读者的阅读兴趣。

2. 充满设计感的图形元素之间的交叠，增强了版面的空间感和趣味。

3. 简洁的配色和图形元素营造出极简的版面。

图3.71 奥斯卡最佳动画长片奖获奖影片《勇敢传说》海报

（2）弱对比

在一幅平面作品中，过于强烈补色组合会使人的视觉神经产生疲劳感，甚至影响版面的信息传递。对色彩进行调和的目的就在于缓解画面的冲击感。所谓弱对比，是指通过特定的表现手法来降低补色间的对比性。常见的调和方法有减少补色的配色面积，或直接降低色彩的纯度与明度等（图3.72）。

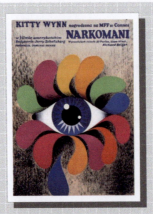

图3.72　波兰暗黑系列电影海报设计

版面构思：互补色的弱对比

设计阐述：

1. 将多组互补色的明度、纯度降低，将互补色之间的对比减弱，营造出柔和的视觉效果。
2. 简单却富有变化的图案元素打造出简洁的版面结构，使版面中的主体物得到凸显。

04 Chapter

第 4 章

方法

Layout Design

4.1 构图样式

版面设计的构图类型多样。在进行版面设计时,通常需要运用不同的版面形式来传递信息。常见的版面构图类型有标准式、满版式、聚焦式、分散式、导引式等。

4.1.1 标准式

这是最常见、简单且工整的广告版面排版类型,一般从上到下的排列顺序为:图片、标题、说明文字、标志图形。首先利用图片和标题来吸引读者的注意,然后引导读者阅读说明文字和标志图形。由上而下的顺序符合人们认识事物的心理顺序和思维活动的逻辑顺序,能够产生良好的阅读效果(图4.1)。

图4.1　MTV拯救濒危物种广告

版面构思: 标准式构图

设计阐述:

1. 广告的版面设计运用了标准式的构图方式,从上到下分别编排标题、图片和说明文字,条理清晰,视线走向明确。
2. 蓝色背景凸显了灰白色调的标题、图片和说明文字。

4.1.2 满版式

满版式构图的重点在于图片所传递的信息。将图片铺满整个版面,视觉冲击力强,非常直观。根据版面需求编排文字,整体感觉大方直观、层次分明(图4.2和图4.3)。

图4.2 爱马仕2012秋冬广告

版面构思：满版式构图

设计阐述：

1. 将户外深秋红色枫叶飘落的人物场景图片满版设计，最大化地渲染了图片。
2. 细腻的构思让人眼前一亮，展现了爱马仕（Hermès）对于"时间"的优雅、无所不在、忠贞不渝的诠释。

图4.3 咖啡生产商SUPLICY的创意广告

版面构思：满版式构图

设计阐述：

1. 画面中铺满了咖啡豆，鼠标所到之处，咖啡豆会自动散开；同时你会发现底下有字，出于好奇，想看清到底下面写的是什么，你努力地拨开咖啡豆看完整的广告语：suplicy-手工选豆。这个广告的创意和鼠标行为结合得非常贴切，拨开咖啡豆的同时无意中已经参与了SUPLICY咖啡豆的筛选工作。
2. 满版的咖啡豆给人以温暖、稳重的视觉感受，容易引起读者的兴趣。

4.1.3 定位式

定位式构图是以版面中的主体元素为中心来进行定位，其他元素都围绕着这个中心对其进行补充、说明和扩展，力求深化、凸显主题。这样的构图重点在于能使读者非常明确版面所要传递的主要信息，以达到成功宣传的目的（图4.4）。

版面构思：定位式构图

设计阐述：

　　1. 该版面是人物介绍专题，左侧满版放置人物侧脸照片，形成版面的重心，以此定位。版面中的其他图片和文字都是对该人物的介绍和补充说明，信息表达充分，版面整体感强。

　　2. 不同面积图片的散点排列，打造出灵活的视觉效果。

图4.4　人物专刊内页设计

4.1.4　坐标式

　　坐标式构图是指版面中的文字或图片以类似坐标轴的形式，垂直与水平交叉排列。这样的编排方式比较特殊，能给读者留下较深的印象。适合相对轻松、活泼的主题，文字量不宜过多（图4.5）。

版面构思：坐标式构图

设计阐述：

　　1. 版面中的所有元素均采用了坐标式构图的手法进行编排，左右倾斜呈150°，塑造了极具空间立体感的造型，给人以很强的设计感。

　　2. 黑色打底、白色与蓝色版面元素的交错排列，给人以轻松的秩序感。

图4.5　staynice工作室海报设计

4.1.5　聚焦式

　　版面中的大部分主要元素按照一定的规则朝相同的一个中心点聚集，这样的构图被称为聚焦式构图。聚焦式构图能够强化版面的重点元素，同时具有向内的聚集感和向外的发散感，视觉冲击力较强（图4.6）。

版面构思：无彩色的组合

设计阐述：

1. 将成千上万数量的啤酒盖以点元素的形式，从版面上部聚集到位于中下部的啤酒瓶身上，给人以一种迫近感，形成了版面的重心。

2. 说明文字以齐上的方式对齐竖向排列，给人以浓厚的民族文化感。

图4.6　20世纪60年代的朝日啤酒老广告

4.1.6　分散式

所谓的分散式构图，是指版面中的主要元素按照一定的规则，分散地排列在版面中。这样的构图通常分布较平均，元素与元素间的空间较大，给人以规律感和轻松感（图4.7）。

版面构思：无彩色的组合

设计阐述：

1. 版面中以纯度和明度极高的蓝色纸张作为背景，纸张上呈现散点排布的不规则漏洞。将代表不同声音的嘴部特写照片放置在纸上漏洞之后，给人以自由、有趣的视觉感受。

2. 将标题与其他相关文字分布放置在后面的纸上，并通过漏洞的空白处表现，形成层叠的空间感。

图4.7　声音海报——美国Jessica Walsh设计师作品

4.1.7　导引式

导引式构图是指版面中的某些图形或文字，可以引导读者的视线，帮助读者按照设计师安排的顺序依次阅读版面中的内容，或透过导引指向版面中的重

第4章　>>　方法　173

点内容，并对其进行强调（图4.8）。

图4.8 Fruit Shop on Greams Road 平面广告

广告主题：Fruit Shop on Greams Road 是位于印度金奈市的一家水果商店，为了向人们展示食用水果的好处，他们创作了一系列有趣的平面广告。在三幅简单的插画里，水果商店融入了淡淡的幽默，将胖与瘦拔高到了与生命切实攸关的层次："少点脂肪，多点寿命。"所以要不要多吃些清淡健康的水果，你可看着办吧！

版面构思：导引式构图

设计阐述：

1. 版面通过"点"元素的编排手法，将鲨鱼与帆船、大灰狼与三只小猪、熊与胖瘦各异的两个人的形象通过点元素位置及方向的排列形成被鲨鱼追逐的帆船等完整的故事。在这里"点"元素的编排就实现了导引式构图。

2. 每张版面的颜色都采用了类似色的强弱对比，表现了版面的空间感。

4.1.8 组合式

组合式构图是指将一个版面分成左右或上下两部分，分别放置两张从中间裁切的不同图片，再将两张图片重新组合在一起，以形成一张新的图片。左右两边的图片虽然不同，却有着较强的连接，以形成趣味感极强的版面效果（图4.9）。

图4.9 Ziploc保鲜膜广告

广告主题：长时间的新鲜

版面构思：组合式构图

设计阐述：

1. 创意者出色的生活常识和对敏感度的把握，将使用和不使用的效果图片进行组合拼接，直接的对比更能直白地表现出产品的作用，从侧面证明保鲜膜的保鲜功效。
2. 白色的盘子和高明度和纯度亮色的对比，使主体物更加得以凸显。
3. 简洁的画面和直接的商品信息传递能够有效地吸引读者的视线，达到充分的主题传达效果。

4.1.9 立体式

立体式构图是指透过调整版面中的元素制作成立体效果，或对角度进行调整，将版面中的2D元素组合起来，以构成具有3D空间感的视觉效果。这种处理方式具有很强的视觉冲击力（图4.10）。

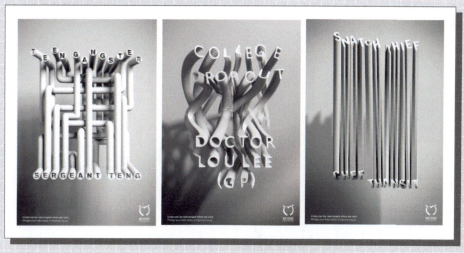

图4.10　Beyond Social Services公益平面广告

广告主题：生命可以重新排列

版面构思：立体式构图

设计阐述：

1. 版面中的标题处理成3D立体效果的主体，强烈的立体感使主体视觉冲击力极强。
2. 版面采用"线"元素的编排手法。
3. 灰白色调的处理，使版面呈现出低沉的情绪，将广告所要阐述的公益主题渲染得十分充分。

4.2 常见的版面构图比例形式

版面设计的重点在于版面中各种元素的和谐搭配。在编排时，要注意主次分明、阅读流畅、表现合理等。下面将介绍一些编排技巧。

4.2.1 变化与统一

变化与统一是形式美的基本法则之一，在版式中发挥着不同性质的作用。前者的特色在于通过改变编排结构，赋予版式以生命力；后者的特色在于利用规整的排列组合，以避免版式整体显得杂乱无章。

（1）变化

变化是一种创作力的具象表现，主要通过强调物象间的差异性来使版面产生冲击性。变化法则大致被分为两种，一是整体变化，二是局部变化。整体变化是指采用对比的排列方式，通过使版式形成视觉上的跳跃感，来突出画面的个性化效果（图4.11）。

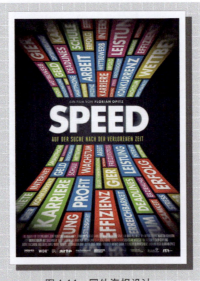

图4.11　国外海报设计

版面构思：版面构图元素的整体性变化

设计阐述：

1. 利用图形元素在空间透视作用下的渐变排列方式打造出版面整体上的变化，给人以极强的速度感。

2. 版面呈以垂直中轴线对程的结构，给人以平衡的视觉感受。

而局部变化则是以版面的细节区域为编排对象。在实际的设计过程中，利用局部与整体间的差异性，使版面结构发生变化，同时带给观赏者深刻的视觉印象（图4.12）。

图4.12　卡里·碧波海报作品

版面构思：版面构图元素的局部性变化

设计阐述：
1. 利用某些局部构图元素在形态上的变化，打造出跳跃的版面效果。
2. 规整的图形排列，使版面呈现出秩序感。

（2）统一

统一可以理解为版面中图形与文字在内容上的逻辑关联，以及图形外貌与版面整体在风格上要保持一致性。根据画面主题的需要，选择与之相对应的文字与图形，通过表现形式与主题内容的高度统一，使画面准确地传达出相关信息（图4.13）。

图4.13　时尚杂志版面设计

版面构思：版面构图元素的统一

设计阐述：

1. 版面中的图形元素以化妆品为主，使版面在表现内容上形成一致。
2. 将化妆品图片去背处理，以散构的形式摆放在版面中，塑造了版面的变化感和整洁性。
3. 文字齐左对齐排列，形成了规整的秩序感。

在版式设计中，变化与统一法则之间存在着对立的空间关系。可以利用变化法则来丰富版式的结构，以打破单调的格局；同时通过统一法则来巩固版面的主题内容，从而使版面在形式与内容上达到面面俱到的效果（图4.14）。

图4.14　日本平面设计教父福田繁雄海报设计

版面构思：构图元素的变化与统一

设计阐述：

1. 将完全一致的杯子图形以规整的形式进行排列，形成统一的结构。
2. 杯身上呈不同方向和颜色的字母以及杯子错落有致的开口方向的设计，塑造了版面的变化和灵活性。

4.2.2　对称与均衡

对称与均衡是一对有着潜在联系的表现法则，它们在具体的布局与结构上有着微妙的差异。比如对称法则要求设计对象在形态与结构上保持完全相同的状态，而均衡法则只要求设计对象维持在相对稳定的平衡状态。

（1）对称

这是一种极具严谨性的形式法则。它的构图方式是，以一根无形的直线为参照物，将大小、长短等因素完全一样的物象摆放在参照线的两端，构成绝对对称的形式。对称法则含有多种表现形式，并且各具特色，如上下对称能带给人平静的视觉感受（图4.15）。

图4.15　梅赛德斯·奔驰汽车广告——卡车司机的脚下是全世界

广告主题：为帮助物流业吸引年轻人、让他们考虑将卡车司机作为自己的事业，奔驰卡车创作了一系列"诱人"的平面广告和海报在职业咨询会和校刊上投放。壮阔美妙的风景配以极其贴切、富有魅力的文案，将卡车司机穿行于天地间的浪漫诠释得淋漓尽致：卡车司机的脚下是全世界，欢迎加入。

版面构思：上下对称

设计阐述：

1. 利用水面的反射作用，风景呈上下对称构成版面的主体，给人以广阔、平静的视觉感受。

2. 赋予文字以白色，与缥缈的景色色调融为一体。

除上下对称外，对称法则还有一种形式，称为左右对称。即物象以垂直方向的直线为参照物，在该参照线的两端呈水平对称的效果。在版式设计中，左右对称的结构能使目标对象呈现出庄重、严肃的视觉效果，因此有利于塑造设计目标的视觉形象（图4.16）。

图4.16　西班牙设计师 MeaCulpa Creatius "七龙珠"极简风海报

版面构思：左右对称

设计阐述：

1. 将图形元素以左右对称的形式编排在版面中部或上部，形成视觉重心，并使版面给人以稳重的感觉。

2. 将标题与图形编排在一条中轴线上，增强了版面的统一感。

（2）均衡

均衡法则的特征在于，通过对画面中视觉要素的合理摆放，来保证版式在结构上的稳定性与平衡性。在进行视觉要素的布局时，应着重考虑如何模糊各视觉要素间的主次关系，使文字、色彩和图形等信息都得到全面表现，从而构成均衡的版式效果（图4.17）。

图4.17　麦当劳食品平面广告

广告主题：开心乐园快乐餐

版面构思：均衡构图

设计阐述：

1. 将与所宣传食品相关的图形素材以诙谐有趣的方式上下堆叠，形成杂技杂耍的动作效果，给人以均衡感，也反映了开心、快乐的广告主题。

2. 单纯的淡淡的色彩背景，起到了突出主体物的作用。

在一些特定的情况下，均衡和对称法则的布局形式是十分相近的，不同的地方在于均衡讲究的是视觉心理上的平衡，而对称则着重心理与形式上的平衡。因此相较于对称法则来讲，均衡法则在表现手法上更具灵活性（图4.18）。

对称与均衡是一对完整的统一体，因此它们是可以存在于同一个版面中的。在版式设计中，可以将对称与均衡两种法则融合在一起，从而打造出极具庄严感的版式效果。与此同时，借助均衡法则的表现手法来打破对称法则的呆板，可以使版面效果更加丰富多彩（图4.19）。

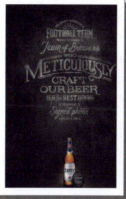

图4.18 捷克Zatec啤酒平面广告

版面构思： 构图元素的均衡和对称

设计阐述：

1. 版面中的文字信息与图片以竖向中轴线对称编排，给人以平衡感。文字采用不同风格字体的组合方式，某些文字进行了渐变处理，构建了均衡中的变化。
2. 白色文字虽然占据了版面的绝大部分，但在黑色背景下的对比显得非常轻盈。
3. 将产品实物图片放置在版面底部中间，以清晰的形象传达给读者。

图4.19 Super Pell清洁平面广告

广告主题：没有乱七八糟的卫生
版面构思：对称与均衡的综合利用
设计阐述：

  1. 利用地面的反射作用，表情夸张的人物造型和从瓶杯打翻的饮料呈现上下对称。

  2. 巧妙地利用地面的反射作用，地面上人物的倒影在人物动作和表情上做了改动，画面给人的感觉是：倾泻而出的饮料又回到原容器中，十分得体地与广告主题相呼应。

  3. 标题文字也采用了上述的表现手法，整体给人以统一、和谐、真实的感觉。

4.2.3 秩序与单纯

  在版式设计中，秩序与单纯是一对概念相近的形式法则。它们的相同点在于，都是利用极具条理性的布局结构来阐明版面主题。当然秩序与单纯也存在着差异性，如前者以版式结构的严谨感为排列原则，而后者讲究的是画面整体的视觉氛围。

（1）秩序

  在版式设计中，将画面中的视觉要素按照规定的方式进行排列，从而打造出具有完整性与秩序性的版面效果。该形式法则不仅具备严谨的编排结构，其规律化的排列形式还能使版面表现具有针对性（图4.20）。

图4.20 伊斯坦布尔国际平面设计周历届海报设计

版面构思：构图元素的秩序
设计阐述：

  1. 将主体图形元素在水平及垂直方向上通过些许变化进行重复排列，赋予版面以强烈的秩序感。

  2. 主体图形在色彩和方向上做出的微弱变化体现了版面编排的细腻。

  3. 右上角圆形的编排使版面出现了变化，显得不再沉闷。

（2）单纯

  在平面构成中，单纯具有两层含义，一是指视觉要素的简练感，二是指编排结构的简约性。综上所述，单纯即是简化物象的结构，从而增强该物象在视觉上的表现力。采用单纯的版式结构，不仅有利于人们理解版面的主题信息，同时还能增强观赏者的记忆力（图4.21）。

版面构思：构图元素的单纯

设计阐述：

1. 将简单的图形在方向上进行重复的排列，从而凸显版面结构的单纯。
2. 图形五色的使用，让人容易联想到奥运五环的颜色，信息表现准确。
3. 5条粗直线在粗细上的渐变，极具设计感。

图4.21　2012伦敦奥运会和残奥会宣传海报

在版式设计中，秩序是指有规律的排列方式，而单纯则是画面整体所呈现出来的一种简洁感。将秩序与单纯进行有机组合，通过单纯的要素结构与井井有条的编排组织，能够增强版面的表现力，同时带给观赏者视觉上的冲击感（图4.22）。

版面构思：秩序与单纯进行有机组合

设计阐述：

1. 将细线形成的边框以充满秩序感的排列方式进行编排，打造出单纯的层次丰富的整体图形感觉。
2. 黑色背景色与白色细线框的简单配色，使版面呈现出简洁感。

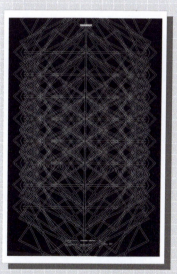

图4.22　2013 One Show Design 海报类优胜奖作品

4.2.4 对比与调和

对比与调和是版式设计中常见的形式法则。这两种法则在定义上是截然不同的，对比法则强调视觉冲击力，而调和法则则是以寻求和谐共生为主。为了创作出优秀的版式作品，应参照画面主题，同时结合设计对象的外形特征，来判定与选择合适的表现法则。

（1）对比

对比法则是指将版面中的视觉要素进行强弱对照，并通过对照结果来突出版式主题的一种表现形式。版式设计中的对比包括问题、图形、色调、动静、形体等的对比，能够让版面的视觉效果强烈、明了并凸显主题（图4.23）。

图4.23　killer牛仔裤广告

广告主题：穿上瘾了
版面构思：无彩色的组合
设计阐述：
1. 通过人物身上互不搭调的上下衣着搭配，打造出具有强烈对比性的版面结构。
2. 利用具有光影效果的背景使人物形象更加凸显。

通过对物象进行对比，可以确立版面的主次关系，同时达到强化画面主题信息的目的。在实际的设计过程中，通常用作比较的因素都与目标对象的外形特征有关，如物象的大小、粗细、长短和软硬等（图4.24）。

（2）调和

在版式设计中，共有两种调和方式，一种是版面内容与结构的调和，简单来讲即要求编排形式与主题信息的统一性。通过这种调和方式来强调编排结构的表现力，从而打造出具有针对性的版面效果（图4.25）。

版面构思：构图元素间的对比

设计阐述：

1. 运用文字在字号、粗细、色彩上的对比手法，起到丰富版面主体结构的作用。

2. 将文字充满设计感地进行竖向交叠密集排列，给人以鲜明的印象，构成版面的重心。

图4.24　AIGANY三十周年海报邀请展参展设计师作品

版面构思：构图元素间的调和

设计阐述：

1. 版面分为上下两个均等的部分，给人以稳重、均衡的感觉。

2. 主要人物图片及段落成对角线布局，设计感强。人物图片去背处理，文字与图片的编排使版面具有了空间感。

3. 人物图片红蓝两色调呈对比关系，运动中的人物形象得以凸显。

图4.25　墨西哥El Mañana报纸版式

另一种则是指版面中各视觉要素在空间关系上的协调性。通常情况下，将版面中的文字与图形以"捆绑"的形式进行组合排列，利用一一对应的编排结构打造出具有视觉平衡感的版面效果（图4.26）。

图4.26　哈特福德新闻报版面

版面构思：文字与图形的一一对应

设计阐述：

1. 运用一图配一文的形式进行编排，打造出具有调和感的版面结构。
2. 人物图形去背处理，并呈向心型排列，增强了图片之间的关联性，形成了版面的重心，给人以均衡感。

对比与调和在版式设计中互为因果关系。首先，通过物象间的对比使画面产生视觉冲突，从而吸引观赏者的视线。其次，通过排列与组合上的调和，寻求要素间的共存感，来避免观赏者因过度刺激而产生视觉疲劳（图4.27）。

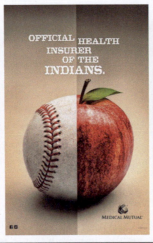

图4.27　印度Medical Mutual健康保险公司宣传海报

版面构思：色彩及形态的对比与调和

设计阐述：

1. 版面左右对称，极具稳定感。
2. 将不相干的两种事物利用它们在外形和色彩上的相似性进行有机互补拼接，十分具有和谐感。

4.2.5 虚实与留白

虚实与留白是进行版式设计时所要遵守的形式法则之一。在版式设计中，恰当地使用留白与虚实法则，通过要素间真实与虚拟的对比效果来烘托主题，同时赋予版面以层次感。

（1）虚实

简单来讲，版面中的虚实关系就是指视觉要素间模糊与清晰的区别。在进行版面编排的过程中，刻意地将与主题无直接联系的要素进行虚化处理，使其达到模糊的视觉效果。与此同时，将主体物进行实体化处理，从而与虚拟的部分形成鲜明的视觉对比（图4.28）。

图4.28 旧金山动物园平面广告

版面构思：物体的虚实相生

设计阐述：

1. 版面背景采用黑色，给人以夜幕下的感觉，有利于主题的表达。
2. 利用黑夜中手电筒照射在动物身上的光影效果，突出了动物的面部形态，十分逼真。而动物身上的其他没有被光线照射到的地方也隐藏在了黑夜中。

"虚"是指版面中的辅助元素，如虚化的图形、文字或色彩，它们存在的意义在于衬托主体物。"实"是指版面中的主体元素，如那些给人以真实感的视觉要素。在版式中，"虚"与"实"是相辅相成的，可以利用它们的这种关系来渲染版面氛围，从而突出画面的重点（图4.29）。

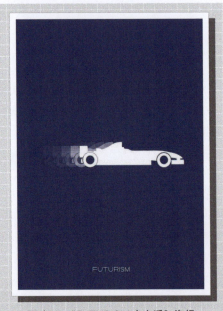

图4.29 "FUTURISM未来派"海报

"FUTURISM未来派"起源于20世纪初的意大利，未来派强调要表现出速度和动感，甚至现代生活的"动荡"感。他们的作品在画布上表现出运动、速度和变化等过程，因此他们的形象是重复的、重叠的、模仿影片的方式，以表示运动中的概念。未来派虽然只有短短五六年，但是其观念影响了之后的达达主义及现代抽象。

版面构思：相辅相成的"实"与"虚"

设计阐述：

1. 版面的主体图形根据视网膜的残像理论，在同一画面上将持续运动的对象与各瞬间的形态层层叠描绘，使得汽车看起来有如连续动作一般，并以线条强调移动的方向。
2. 蓝白色调的搭配体现了版面设计的极简主义，主题表达直接明了。

（2）留白

留白法则分为两种，一种是大面积留白，另一种是小面积留白，两者在表现形式与视觉效果上都存在着差异。所谓大面积留白，是指版面中的留白部分在空间中所占的比例大于其他视觉要素（比如文字、图形等）。利用该表现手法来打造空旷的背景画面，不仅为观赏者提供了舒适的浏览环境，同时还使版面整体显得格外大气（图4.30）。

版面构思：大面积的留白

设计阐述：

1. 版面中的图形元素底部对齐集中摆放在版面中部靠右，形成了特殊的视线焦点。

2. 大面积的留白空间，增强了空间的通透性，使版面结构显得不紧张、不压抑。

3. 黑白色调的经典对比搭配，使主体图形更加凸显。

图4.30　波兰暗黑系列电影海报设计

而小面积的留白则是指留白空间在版面中所占的面积比其他视觉要素要小很多，从而构成一个相对拥挤、热闹的版面结构。如此一来，不仅增强了版面的表现力，同时带给观赏者紧张、热闹的视觉印象（图4.31）。

版面构思：小面积的留白

设计阐述：

1. 小面积的留白使版面呈现出紧张、局促的视觉效果，也增强了版面主体图形元素的视觉表现力。

2. 英文字母以"线"元素等距排列组合的形式构成，颜色各不相同，充满极强的设计感。

3. 字母前后的交叠，使主体图形具有空间上的通透感和立体感。

图4.31　AIGANY三十周年海报邀请展　　　　参展设计师作品

虚实与留白在形式上有着一定的关联性。在版式设计中，空白的部分也可以被看作版面的虚空间，因此虚实与留白两种形式法则也经常以共存的方式出现在同一个版面中。设计者通过将两者组合在一起，可以表现出虚实并进的画面效果（图4.32）。

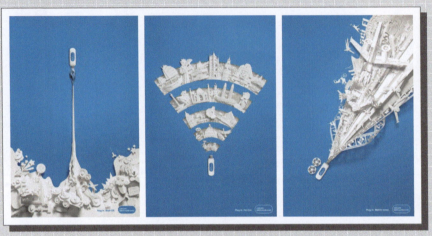

图4.32 Celcom 无线网卡创意广告

广告主题：Plug In. Watch away. 只是小小的U盘大小身材，即可让你拥有海量的信息和资料。

版面构思：虚实与留白的综合表现

设计阐述：

1. 簇拥复杂的图形组合与单一的主体物在数量上形成对比，在视觉上形成虚实并存的空间结构。

2. 版面空间的大量留白，结合图形的编排结构，使画面产生了向上的视觉牵引力。

4.2.6 节奏与韵律

音乐之所以能够打动人心，是因为它具有强烈的感染力。而形式法则中经常用到的节奏与韵律也是来自于音乐的概念。在版式设计中，节奏是指有规律性变化的排列方式，而韵律则是指均匀的版面结构。

（1）节奏

在日常生活中，除了音乐外，我们还能接触到许多有节奏感的事物，如火车的声音、心跳的律动等。而版式的节奏法则也是来源于这些细节。在版式设计中，将视觉要素进行规则化的排列，利用布局上的强弱变化，使画面整体呈现出舒缓有致的节奏感（图4.33）。

图4.33　国外割草机广告

广 告 主 题： 世界上最安静的割草机

版 面 构 思： 构图元素的节奏感

设 计 阐 述：

1. 创意性地将草地替换为割草机工作时的声音波形图，声波高低形成的舒缓节奏寓意了割草机工作时的安静效果。
2. 人物前进的方向形成视线走向。
3. 版面构图元素简单，表现效果却十分出色。

在版式设计中，将视觉要素以渐变的方式进行排列，利用渐变构成在特定方向上的规律性变化，使画面产生强烈的运动感，同时从心理与视觉上带给观赏者节奏感。此外还可以通过对渐变的舒缓程度、朝向等因素的调控，使画面展现出不同的视觉效果（图4.34）。

图4.34　国外某品牌人字拖鞋广告

版 面 构 思： 渐变形成的节奏感

设 计 阐 述：

1. 通过图形元素在透视空间上形成的渐变效果，使版面十分富有律动感和节奏感。
2. 版面用色丰富多彩，视觉冲击力强大，体现出产品休闲、运动的特性。

（2）韵律

通过在版面中重复使用相同形态的视觉要素，可以使画面产生韵律感。重复的对象可以是某个简单的图形，也可以是某个动作，通过重复构成来强调版式的规律性。一方面使画面呈现出韵律感十足的艺术效果，另一方面则增强了版式对主题的塑造（图4.35）。

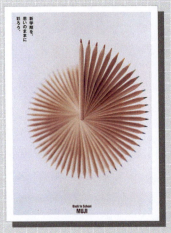

图4.35　日本平面设计大师新村则人的平面广告

版面构思：构图元素的韵律感

设计阐述：

1. 将图形元素——铅笔以螺旋的形式进行排列，极具立体感和韵律感。
2. 将主体图形放置在版面正中，有效地吸引了读者视线。
3. 版面简单的配色，营造出清新、柔和的视觉观感。

在版式设计中，将相同的图形元素以特定的方式进行摆放，利用图形在比例、配色或朝向上的不同，使版面在视觉上产生强烈的对比，同时带给观赏者错落有致的韵律感（图4.36）。

图4.36　Ofixpres产品宣传海报

版面构思：错落有致的韵律感

设计阐述：

1. 将完全相同的图形在水平和垂直方向上均匀排列，赋予版面以强烈的秩序感。
2. 通过图形间颜色的变化，使之在视觉上产生强烈的对比，给人以错落有致的韵律感。

版面中的节奏与韵律虽然都建立在以比例、疏密、重复和渐变为基础的规律形式上，但它们在表达上仍存在着本质区别。简单来讲，节奏是一种单调的重复，而韵律则是一种富有变化的重复（图4.37）。

图4.37　2013年台湾各大设计院校毕业展海报设计

版面构思：节奏与韵律对比调和

设计阐述：

1. 将长短、粗细不同的直线条和不同长度的文字段落以自由的方式竖向组合排列，赋予版面在编排上的节奏感。
2. 这些直线条长短、粗细不同，文字段落也有各自不同的长度，使版面表现出极强的韵律感。

4.3　版面设计的视线法则

在版面编排过程中，设计者将画面中的视觉要素以特定的朝向或方式进行排列，对读者的视线起到引导作用，从而形成版面的视觉走向。

版式设计中的视觉走向不仅能引导读者对画面进行浏览，同时还能帮助版面规划布局，使版面的结构变得具有条理性（图4.38）。

图4.38　美国纽约州水牛城新闻报版式

版面构思：版面设计的视线走向

设计阐述：

1. 将最能表现主题的人物图片进行裁切，只保留人物面部侧面。人物深邃的眼神引导着读者对画面内容的浏览方向。

2. 版面被黑、黄、白色划分为四个大小不均等的板块，版面层次清晰、重点突出。

4.3.1　明确版面的视觉走向

4.3.1.1　单向视觉走向

　　单向视觉走向可以说是版式设计中最常见的一种视觉走向，不仅在视觉传达上有直观的表现力，同时还具备简洁的组合式结构。在实际的版式设计中，根据编排方式的不同可将单向视觉走向分为两种，一种是横向视觉走向，另一种是竖向视觉走向。

　　（1）横向视觉走向

　　横向视觉走向又称水平视觉走向，在版面编排时将版面中与主题相关的视觉要素以水平的走向进行排列，从而使画面形成横向的视觉走向。该类别的视觉走向具备极其平缓的布局结构，因此在视觉上总能带给人平静、稳定的印象（图4.39）。

图 4.39　MoneyGram　速汇金广告

版面构思：横向视觉走向

设计阐述：

1. 通过两面国旗的巧妙组合，组成方向向右的箭头，这一图形符号表达了"速汇金"提供便捷、快速国际汇款服务的理念。
2. 版面大面积的留白，使主体图形更加突出。

值得一提的是，横向视觉走向在版面中具有方向性，即可以通过对视觉要素的编排顺序，使版面呈现出向左或向右的方向感。当视觉走向朝右时，与人的阅读习惯相符，因此会给人以舒适、平缓的感觉；当视觉走向朝左时，就会因为打破编排规则而使画面充满奇特感（图 4.40）。

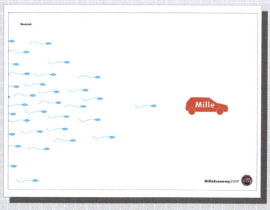

图 4.40　菲亚特汽车广告

版面构思：无彩色的组合

设计阐述：

1. 将蝌蚪以统一的方向组合在一起，通过疏密有致的排列顺序使画面呈现出具有方向感和延伸感的横向视觉走向。
2. 版面主体汽车与蝌蚪颜色的对比，使其容易被人认知。
3. 大面积的留白，使主体图形更加突出。

（2）竖向视觉走向

竖向视觉走向又称垂直视觉走向，在定义和表现方式上与横向视觉相反，是指将画面中的主体要素以垂直的方形进行排列，从而形成版面的竖向视觉走向。该类视觉走向在结构上具备有序性与简洁性。除此之外，还能使画面呈现出肯定的视觉效果（图4.41）。

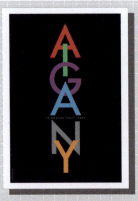

图4.41　AIGANY三十周年海报邀请展参展设计师作品

版面构思：竖向视觉走向

设计阐述：
1. 将字母以垂直的走向居中排列，构成版面的竖向视觉走向。
2. 字母各不相同，字母之间呈交叠状态，赋予版面以规律性的节奏感和立体的空间感。

在竖向排列的版式设计中，通过对视觉要素的编排来改变画面的视觉重心，加强版面上方元素的表现，以构成由上至下的视觉走向，从而带给读者空间的下坠感；相反，则会带给读者空间的上升感（图4.42）。

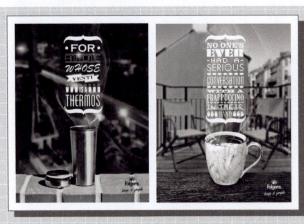

图4.42　福杰仕星冰乐平面广告

版面构思：由下至上的上升视觉

设计阐述：

    1. 将杯子的照片放置在版面下方，密集有序排列的字母组合放置在上方，杯子的大体量与纤细的字母形成重一轻对比，给人以由下至上的上升视觉感受。

    2. 杯子上方浮动的热蒸汽，产生向上的视觉牵引力。

4.3.1.2　导向视觉走向

    导向是指版面透过诱导元素，以主动的方式来引导读者对画面进行浏览，并同时完成对主题诉求的传达。无论是图形、文字还是色彩，都可以成为用来引导读者的编排元素。根据引导方式与版面结构的不同，将其划分为以下5种：向心型、离心型、发射型、十字型和引导型。

（1）向心型视觉走向

    将版面中的主体物以向版面中心靠拢的方式进行编排与组合，使读者跟随版面的延展方向来完成浏览。除此之外，还可以将旋涡状的编排方式融入版面中，同样能使画面产生向内的视觉牵引力（图4.43）。

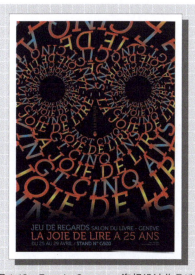

图4.43　Fermin Guerrero 海报设计作品选

版面构思：向心型视觉走向

设计阐述：

    1. 版面中的文字以旋涡的形式编排，使画面产生向内的视觉牵引力，形成了画面的进深感。

    2. 简单的配色营造出简洁、清新、醒目的色彩和结构效果。

（2）离心型视觉走向

与向心型视觉相对应，离心型视觉的版面结构以扩散为主。简单来讲，将重要的视觉要素摆放在画面的中央，同时把辅助的要素以分散的形式排列在画面周围，以促使画面产生由内向外的扩散效果（图4.44）。

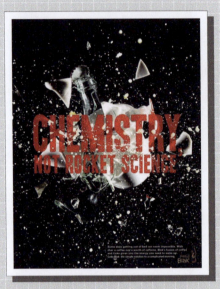

图4.44　可口可乐Blak广告

版面构思：离心型视觉走向

设计阐述：

1. 以中间的可口可乐瓶为中心，将大大小小的图形元素以核聚变爆发的形式排列，产生向外扩散的离心力。

2. 将标题文字放大置中，背景的黑色色调使其得到凸显。

（3）发射型视觉走向

在表现形式上，发射型视觉与离心型视觉有着类似的地方。比如在进行发射型视觉走向的创作时，同样将视觉要素分为主体与辅体两部分，利用发散式的排列方式来突出主体物的视觉形象。通过发射型视觉走向，使版面的整体性得到加强与巩固，从而带给读者一种和谐、统一的视觉印象（图4.45）。

（4）十字型视觉走向

将版面中的视觉要素以十字或斜十字的形式进行交叉排列，促使画面构成十字型视觉走向。在十字型版面布局中，以要素间的交叉处作为画面的视觉焦点，从而将读者的视线集中在该点上（图4.46）。

图 4.45　2013 One Show Design 海报类优胜奖作品

版面构思：发射型视觉走向

设计阐述：

1. 以版面底部的人物抓着气球的手为中心点，气球在地球的重力作用下有向上飘动的趋势，构成版面中以手为中心呈四面八方发散的效果。
2. 版面中颜色各异的气球呈上升趋势，给人以动感和活力。

图 4.46　圣诺昂国家剧院演出招贴

版面构思：十字型视觉走向

设计阐述：

1. 版面中玫红色的直线条以及相同色彩段落的编排呈竖向，其他文字则呈横向编排，整体则形成十字型视觉走向。
2. 字体在字号、粗细上的不同，形成了错落有致的结构层次。

（5）引导型视觉走向

在版式的编排中，还可以利用一些具有方向性的视觉元素来引导读者，使其按照预设的走向来完成对版面的浏览。在实际的设计过程中，某些特定的元素在视觉上都具有方向性，常见的有直线、箭头图形等（图4.47）。

图4.47　多摩美术大学系列推广海报

版面构思：引导型视觉走向

设计阐述：

1. 利用手指动作指向和具备方向感的黑色色块的倾斜趋势来引导读者的视线走向，增强了版面的传达能力。

2. 版面中黑色色块具有变化的规整排列，给人以强烈的节奏感和韵律感。

4.3.1.3　斜向视觉走向

将版面中的视觉要素以倾斜的方式进行组合排列，以构成斜向的视觉走向。斜向视觉走向主要分为两种，一种是单向的，另一种则是多向的。由于大部分版面都是以规整的布局方式来进行编排设计的，因此倾斜的排列方式将带给人们前所未有的视觉新奇感与动感。

（1）单向

单向是指视觉要素以单个指定的倾斜方向进行排列。这样的编排方式不仅使画面的表现变得坚定有力，同时还强化了主体物的视觉形象，并提高了版面的关注度（图4.48）。

版面构思：单向斜向视觉走向

设计阐述：

1. 将图形元素以单个倾斜的走向进行编排，使版面呈现出确定的视觉结构。

2. 黄色为底的简单配色，使图形元素更加清晰，提高了传达效力。

图4.48　日本平面设计教父福田繁雄经典反战海报

（2）多向

多向是指版面中的视觉要素以多个倾斜方向进行排列与组合，从而形成多向的倾斜视觉走向。该类版面结构具有不稳定性，因此使画面呈现出富于变化的视觉效果。在进行该类版式设计时，要注意厘清画面的主次关系，避免出现杂乱无章的效果（图4.49）。

版面构思：多向斜向视觉走向

设计阐述：

1. 文字和图片基本采用45度对角线的形式进行编排，以形成多向的版面结构。

2. 版面中的文字也有部分呈水平方向排列，通过组合式的编排形式，版面节奏得到增强，布局得到丰富。

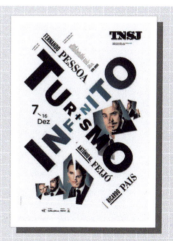

图4.49　葡萄牙圣诺昂国家剧院演出招贴

4.3.2　视线重心的运用

设计者对重要的视觉要素进行特殊化处理，使其呈现出与周围事物完全不同的视觉效果，从而成为画面的视觉焦点。

重心的概念来源于物理学，是指物体内部所受重力的作用点。在版式设计中，画面的重心与视觉要素的编排方式有着紧密的联系；视觉重心能帮助我们提炼出画面的重点信息。如此一来，不仅增强了版面的视觉表现力，同时还缩短了读者的感知时间，从而提高了版面的传播效率。如下图所示，设计者刻意将背景画面进行模糊处理，从而使主体物的视觉形象得以突出，并进一步成为版面的视觉重心。

（1）中置重心

将主体物摆放在视图的中央，以此使读者的视线集中到该点上，从而构成版面的视觉重心。该类编排手法是版式设计中最为常见的，因为视图的中央往往是版面中最具吸引力的地方。不仅如此，宽裕的版面空间还有利于我们对版面中其他要素进行布局与调控。

在版式设计中，视图的中央是整个版面的核心部位，它能使放置在该区域的物象得到突出表现。因此许多设计者选择将主体物直接摆放在该部位，以利用版面与视觉心理上的共鸣效应，将主体物的视觉形象最大化，从而增强画面传达信息的效力（图4.50）。

图4.50 国外杂志版面设计

版面构思：中置重心

设计阐述：

1. 将主题图形元素摆放在版面的正中央，强调了该要素在版面中的重要性。
2. 主体图片以两种颜色拼接在一起，给人以视觉上的冲击。
3. 文字沿椅子的外形曲线进行编排，称中轴对称，增强了版面的整体感和紧凑感。

（2）上置重心

在版式设计中，将主体物摆放在视图的上方，使读者的视线被集中于此，以构成版面的视觉重心。将重心设置在版面的上方，可以使读者在接触画面时立刻就能看到主体物。该种编排方式从侧面增强了画面对主题的传达能力，同时强调了版面的第一印象（图4.51）。

版面构思： 上置重心

设计阐述：

1. 以握有圆规的手的图形作为版面的视觉重心，给人以独特、鲜明的印象。
2. 红黑两色简单的配色使版面整体更加均衡。

图4.51　日本平面设计教父福田繁雄海报设计

视觉重心的作用在于吸引读者的视线，将它集中在画面的中心要素上，以加快主题信息的传播速度。如果将该要素摆放在视图的上方，还能使版面呈现出漂浮的视觉效果，同时给读者留下深刻的印象（图4.52）。

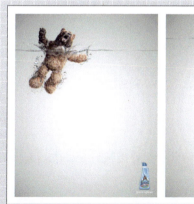

图4.52　Lenor柔顺剂柔软剂平面广告

版面构思：无彩色的组合

设计阐述：
  1. 将视觉元素摆放在版面的上部，从而给读者以一种漂浮、轻盈的感觉。
  2. 设计者将动物实物图片与玩偶图片进行嫁接拼接，增强了版面的趣味感。
  3. 体沉的动物经过柔顺剂的浸泡立即变成了轻巧的毛绒玩具，以幽默、简单的表现手法突出了产品柔顺衣服的强大功效。

（3）下置重心

  将视觉要素集中在版面的下方，使读者的视线集中于此处，以将该版面的视觉重心固定在画面下方。由于视图的下方能带给人稳固、扎实的视觉印象，因此该类编排方式常用于以严肃、庄重为主题的平面设计。

  在版式编排设计中，将画面中的视觉信息集中在版面的下方，使读者的注意力集中于该点，同时结合周围空旷的背景，使画面产生向下的视觉牵引力，并带给读者踏实的视觉感受（图4.53）。

图4.53　Lojack汽车追踪器广告

广告主题：跟踪和寻找失车
版面构思：下置重心
设计阐述：
  1. 将主体物摆放在版面的左（右）下部，形成视觉中心，将读者的视线吸引到版面的下方。
  2. 主体物呈剪影形式，简单的红白配色使版面的主体得到凸显。

（4）左置重心

  众所周知，人的阅读习惯为从左到右，因此当读者接触到版面时，第一眼看到的是左方。

  在版式编排设计中，将主体物放置在版面的左方，以迎合读者的阅读习惯。通过这种编排方式使读者对版面的浏览变得格外顺遂，从而营造出相对舒适的视觉氛围。

将主体物摆放在版面的左方，同时弱化周围事物的视觉形象，以促使读者的视线集中在版面的左方。视觉重心被设置在版面的左方，不仅符合常规的排列规则，同时还使画面表现出轻松、舒展的视觉效果（图4.54）。

版面构思：左置重心

设计阐述：

1. 将主体图形与文字元素放置在版面的左侧，以在编排结构上迎合读者的阅读习惯，从而使读者对版面的浏览变得格外顺遂。

2. 大面积的留白，简单的配色都使版面信息的传达更加轻松、准确。

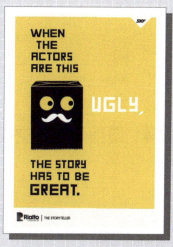

图4.54　国外海报设计

（5）右置重心

在版式设计中，将视觉重心设置在视图的右方，会带给人局促、紧张的视觉感受；同时使读者对该版面留下深刻的印象，从而达到宣传主题信息的目的。

在版式编排设计中，将具有视觉冲击力的物象摆放在视图的右方。与此同时，融合一些辅助元素来增强该主体物的形象塑造，利用物象奇特的外形及视觉重心在上的版面结构，打造出具有震撼效果的平面作品（图4.55）。

图4.55　奥迪C5敞篷轿车广告

广告主题：敞开好心情。有时候，科技是让情绪变得兴奋的最好方式。

版面构思：右置重心

设计阐述：

1. 对图片进行不规则裁切，巧妙地表达了敞篷车开阔的视野。图片放置在版面右侧，打破了阅读习惯，带给读者阅读的新鲜感。

2. 版面的留白处理，使版面简洁到极致，突出了版面的主体图片。

在进行版式编排设计的过程中，不仅要考虑设计对象的实质需求，同时还要将主题信息与视觉要素以融洽的方式联系到一起，将最具价值性的视觉要素放置到版面的中间部位，从而使版面看上去既美观又具有深刻的含义。

4.4 增强版面的空间感

生活中的三维空间是立体空间，看得见，摸得着，能深入。

而在平面编排中的三维空间，是在二维空间的平面上建立的近、中、远、立体的看见关系，摸不着，是假想空间，是借助多方面的看见关系来表现的，即：比例、动静图像、肌理等因素。

图4.56 海报设计

比起平铺直叙的版面，空间感强烈的版面拥有更加丰富的表现层次，视觉度会更高。可以通过改变版面元素之间的大小比例、位置关系和黑白层次关系来体现出版面的空间层次。

4.4.1 通过改变比例关系营造空间感

平面的空间感很大程度上是通过面来表现的，需要考虑近大远小所产生的近、中、远的空间层次关系。

在编排中，可以将主体元素或者标题文字放大、次要元素缩小，以建立良好的主次、强弱的空间关系，同时增强版面的节奏感和韵律美（图4.56）。

4.4.2 通过改变位置关系营造空间感

空间感实际上是一种错觉,它的产生受多种因素的影响,如图形的比例关系、位置关系等。在版式设计中,应合理巧妙地安排画面元素的位置关系,前后叠压的位置关系可以营造出空间感,将图片或者文字前后叠压排列,就会产生具有节奏感的空间层次关系,呈现丰富的空间视觉效果。

位置的主次关系也可以产生空间层次感,重要的信息一般被安排在视线最先到达的位置,其他信息则与主体信息配合,安排在或上或下的次要位置(图4.57)。

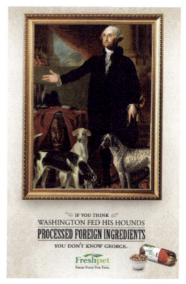

图4.57 海报设计

4.4.3 通过黑白灰的空间层次营造空间感

白色体现高光,灰色体现中间调,黑色体现阴影。通过这三种层次的对比,就可以体现出作品的空间层次感,这就是版面设计中的黑白灰原理。

在版式设计中,黑色、灰色和白色称为中性色。黑白为对比极色,单纯、强烈、醒目,最能保持远距离的视觉传达效果;灰色能概括一切中间色,柔和而协调。三色的近、中、远空间位置,依版面具体的明暗调关系而定。版式设计强调色彩的调性,一幅优秀的作品,色调应该非常明快,或高调、低调、灰调,或对比强烈,或对比柔和,反之则模糊不清(图4.58)。

图4.58 书籍设计

4.4.4 动静关系、图像肌理关系产生空间层次

动使版面充满活力,获得更高的注目度,静使版面冷静、含蓄,具有稳定的因素,两者在版面的组织上,以动为静,动为前,静为后,彼此以动静的对比关系建立空间感(图4.59)。

图4.59　电影《蚁人》官方海报

4.5　版面设计的整体原则

版面设计的整体原则有以下四个方面:

① 主题与导读;

② 内容与形式;

③ 强化整体布局;

④ 技术与艺术。

4.5.1 鲜明主题的诱导力

要获得版面鲜明的视觉导读效果,可以通过版面的空间层次、主从关系、视觉秩序及彼此可见的逻辑条件的把握与运用来达到。

① 按照主从关系的顺序，将主体形象放大并编排于版面视觉中心，以产生强烈的视觉冲击效果。

② 将众多的文案信息作整体的组织编排设计，以减少散乱的文字信息干扰，增强主体形象的传达。

③ 在主体形象的周围大量留白，能使主体形象更加鲜明突出。留白量的多少则要根据版面的具体设计而定。

下面是一组富有诱惑力的茶饮料广告——LOVE! LOVE! LOVE!，大意是想吃甜食又不敢吃，茶中的味道可以解解馋（图4.60）。

图4.60　茶饮料广告

4.5.2　形式与内容的统一

个性化、艺术化形式美的设计本质是用来加强沟通与传播，因此，版面设计所追求的完美形式必须符合设计思想主体的表达，这是编排设计必须遵循的原则及设计的先决条件。

（1）前提

形式符合主题思想内容。

（2）错误现象

形式脱离内容，缺乏艺术表现，空洞和刻板。

4.5.3 强化整体布局

将版面中各种排版要素在编排结构及色彩上作整体设计,以求整体的视觉效应,即使是"散"的结构也是设计中特意的精心编排。

获得整体性的方法有以下几个:

① 加强整体的结构组织方向视觉秩序,如水平结构、垂直结构、倾斜结构、曲线结构等。

② 加强文案的集合性,将文案中多种信息组合成块状,增强版面文字的条理性和清晰的导读性。

③ 加强展开页的整体设计。无论是连页、跨页、折页或是展开页的设计,均为同一视线下展示的版面,因此加强整体性可以获得更加良好的视觉效果。

4.5.4 技术与艺术的统一

设计者应结合各种现代工艺,进行作品的创作,否则设计作品将会在现行技术下无法实施。

匈牙利Kincső Nagy设计的《哈利·波特》系列书的封面及内页插图,重新以一个图文并茂的方式来展现《哈利·波特》充满着神奇、神秘以及冒险的气氛。封面很简单,均用黑纸完全包覆,中间是用激光雕刻而成的插图,并以在黑暗中发光的方式来表现其"魔法";而内页也以立体卡片的形式绘制了与故事情节相关的趣味插图,增加了与读者间的俏皮互动(图4.61)。

图4.61 《哈利·波特》系列书籍设计

05

Chapter

第 5 章

赏 析

Layout Design

5.1 海报招贴

5.1.1 艺术流派

5.1.1.1 ABSTRACT ART 抽象表现主义

ABSTRACT ART抽象表现主义：初次出现是在20世纪20年代。抽象表现主义在欧洲的说法是"无形式主义"，又称作纽约画派，第二次世界大战之后盛行二十年。以纽约为中心的艺术活动，一般被认为是一种透过形状和颜色以主观方式来表达，而非直接描绘自然世界的艺术。其知名艺术家如俄国艺术家康定斯基。

5.1.1.2 DE STIJL 荷兰风格派运动

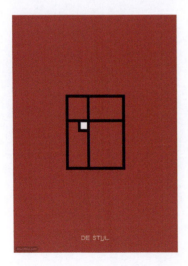

DE STIJL荷兰风格派运动：本身也叫作新塑造主义，非常喜欢使用几何形体，只使用黄、蓝、红三原色和黑白两色，主张抽象和淳朴。运动中最有名的艺术家就是先前提过的P.Mondrian（蒙德里安），在1920年出版的一本叫作"Neo-Plasticism新塑造主义"的著作，可谓极简风的先驱。但该运动只用直线、方形、平面等规矩的方式创作。

5.1.1.3　FAUVISM野兽派

FAUVISM野兽派：野兽派主要是将凡·高等大胆涂色技巧推向极致的一种风格，不讲究透视明暗，也放弃远近比例，采用平面画构图，最知名的艺术家如法国画家Henri Matisse（亨利·马蒂斯）。

5.1.1.4　KINETIC ART机动艺术

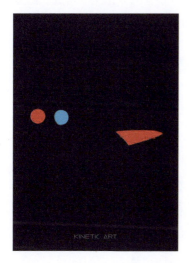

KINETIC ART机动艺术：又称动态艺术，打破形式上的分类，把雕塑跟绘画结合在一起，利用重力平衡等让作品不停地运动，使作品本身变成活的。20世纪60年代艺术家更把这种艺术推向前所未有的程度，把机器的动力加进艺术品中，甚至对声音、光、液体等加以运用。其知名的艺术家如Alexander Calder（亚历山大·柯尔达）。

5.1.1.5　NEOREALISM 新写实主义

NEOREALISM 新写实主义：说到新写实主义，仅看字里行间就知道该主义力倡艺术必须回归到实在的世界，忠实地记录现实。而电影的部分则是强调纯净简单的"真实性"，不走浪漫风，也因为出现在战争过后，所以在呈现上更讲求客观、不造假的真实。

5.1.1.6　RENAISSANCE 文艺复兴

RENAISSANCE 文艺复兴：在意大利语中由"重新"、"出生"构成。约发生在 14～17 世纪的文化运动，大大地影响了后面的艺术风格。其知名的艺术家如李奥纳多·达芬奇、米开朗基罗等。

5.1.2 福田繁雄视错觉平面设计

日本平面设计大师福田繁雄的海报语言简洁、幽默、巧妙并深刻,常以简练的线和面构成,具有强烈的视觉张力,充分显示了他对图形语言的驾驭能力。福田把异质同构、视错觉等理念,以视觉符号的形式重现在其海报作品上,并将这些原理以客观和风趣的形式呈现,使简洁的图形成为信息传递的媒介,因此其设计作品兼具了艺术性与精神性的内涵。

福田作品凸显魅力的法宝是对错视原理的精到掌握和应用。他善于运用图底关系、矛盾空间等错视原理,使其作品大放光彩。正如福田自己所说:"我的作品,无论是平面的、还是立体的,作品的创作核心都是围绕着以视觉感官的问题为前提来进行思考。"因此,他不断地对视错觉进行探求,将不可能的空间与事物进行巧妙的组合达到视觉上的新知,将合理的与不合理的共同营造出奇异的视觉世界,在看似荒谬的视觉形象中透出一种理性的秩序感和连续性。

(1)1975年日本京王百货宣传海报

在1975年为日本京王百货设计的宣传海报中,福田开始利用"图"、"底"间的互生互存的关系来探究错视原理。作品巧妙利用黑白、正负形成男女的腿,上下重复并置,黑色"底"上白色的女性的腿与白色"底"上黑色男性的腿,虚实互补,互生互存,创造出简洁而有趣的效果,其手法为"正倒位图底反转"。作品中的男女腿的元素,也成为福田海报中有代表性的视觉符号。

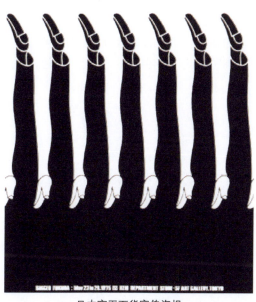

日本京王百货宣传海报

（2）《UCC咖啡馆》海报

1984年《UCC咖啡馆》海报，将搅拌咖啡的杯中漩涡正负纹理交错，造型成众多拿着咖啡杯子的手，并呈螺旋状重复并置，突出咖啡这一主题图形又不失幽默情趣。我们称这种将主题图形分置并列呈现出相互回转展开的动态意味的手法为"放射状图底反转"。

《UCC咖啡馆》海报

（3）《1945年的胜利》反战海报

这是一张反战的招贴。是福田繁雄在1975年设计的"1945年的胜利"的海报，这张纪念第二次世界大战结束30周年的海报设计，获得了国际平面设计大奖。采用类似漫画的表现形式，创造出一种极简、诙谐的图形语言，描绘一颗子弹反向飞回枪管的形象，讽刺发动战争者自食其果，作品的主题非常的明了，每一个看到这个招贴的人都会明白他所要表达的意思，画面的视觉冲击力强。

《1945年的胜利》

（4）《贝多芬第九交响曲》海报系列

在《贝多芬第九交响曲》海报系列中，福田以贝多芬头像作为基本形态，对人物的发部进行元素的置换。从一定距离观察这些作品，可以辨识出海报中的人物形象。但当我们仔细观察人物的发部时，它又是由不同的图形元素组成。在这里，音符、鸟、马等并不相关的图形元素，都被福田运用到他的这一系列海报中，这些元素也可以说是福田对贝多芬音乐的一种理解，不仅丰富了同一主题海报的内涵，同时充满趣味性，福田用自己的想法带动观者的思维，让观者在欣赏的同时，有参与性。这种手法在艺术的专业领域被称作是"异质同构"。

《贝多芬第九交响曲》海报系列

（5）《餐桌的聚会》海报

下图是福田繁雄为银座松屋举办的名作家联合展览所创作的一幅海报，主题为《餐桌的聚会》。这幅作品中他以餐具作为基本的图形，在此基础上，他选择了强硬与柔软的对立，创造出了的变体造型。他的许多其他海报也设计了类似这样的二维或三维的变体造型。这幅作品中他以"叉子"的变异作为此次海报的视觉主体图形，设计师将简单的叉子进行扭曲变形，赋予了坚硬的叉子以柔软的特性，他运用的这种视错觉表现语言在合理中加入不合理，在正常逻辑中注入非逻辑，使他的作品妙趣横生。他在海报中对色彩的运用也是如此的"不着边际"，多彩而丰富的颜色用细致的线条表现出来，却没有零乱之感。这样的表达彰显了众多展览作品的奇特和多样化，既引人注目又激发了观者的好奇心，更显示了福田繁雄在设计中对于现实生活的观察以及对人们真实生活的关注。

《餐桌的聚会》海报

(6)《福田繁雄招贴展》招贴设计

1987年在《福田繁雄招贴展》的招贴设计中,福田将静止坐在台前的人的四个不同视角的状态,表现于同一画面,用单纯的线、面造成空间的穿插,大面积的黄色与人物黑色剪影对比,使整个画面产生强烈的视觉效果。这种空间意识的模糊,在视觉表现上具有多重意义的特性。

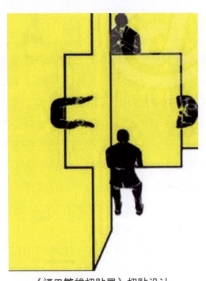

《福田繁雄招贴展》招贴设计

5.1.3 卡里·碧波海报作品选

芬兰设计师卡里·碧波（Kari Pippo）的海报以其简洁的图形、明亮的色彩和深刻的寓意令人过目不忘。

5.1.3.1 黑篇

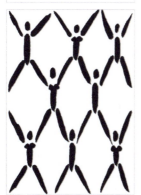

5.1.3.2 白篇

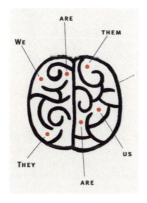
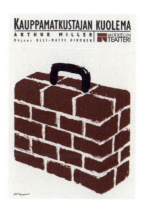

5.1.3.3　红篇

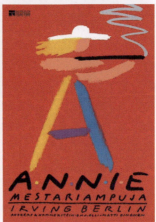

5.1.3.4　蓝篇

5.1.3.5　黄灰篇

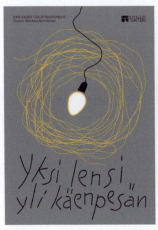

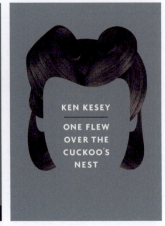

5.1.3.6 彩篇

5.1.4 日本平面设计大师原研哉作品设计

日本平面设计大师原研哉先生，为日本设计中心代表、武藏野美术大学教授、无印良品咨询委员会委员。他以一双无视外部世界飞速发展变化的眼睛面对"日常生活"，以谦虚但同时尖锐的目光寻找其设计被需要的所在，并将自己精确地安置在他的意图能够被赋予生命的地方。当我们的日常生活正日益陷入自身窠臼之时，他敏锐地感知到了设计的征候和迹象，并且自觉自主地挑战其中的未知领域。他的设计作品显现出来的不落陈规的清新，在于他找到了设计被需求的空间并在其中进行了设计。

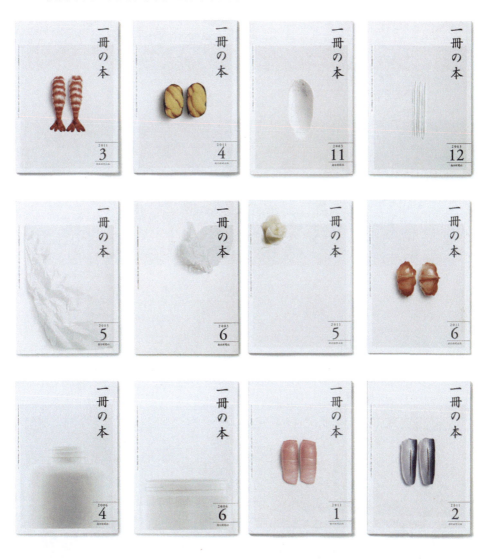

5.2 平面广告

5.2.1 极简主义广告设计集锦

（1）可口可乐环保主题广告

（2）乐高

（3）Levi's 李维斯

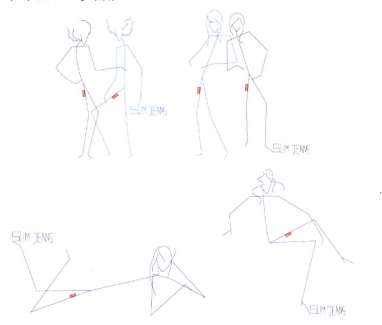

5.2.2 创意广告设计集锦

（1）保湿产品广告

设 计 阐 述：干裂的古董都能修复，这功效化腐朽为神奇。

（2）耐克广告

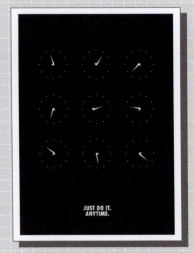

设 计 阐 述： Just Do It Anytime（去做，不用管时间）。

（3）内衣广告

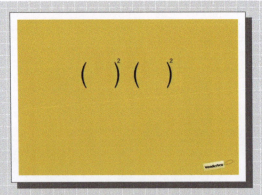

设 计 阐 述： 在原来的基础之上，来个平方。

5.3　封面内页

5.3.1 《一杯韩国茶》

　　《一杯韩国茶》的灵感来源于作者最后一年去韩国的旅行。通过一些有趣味的、有启发性的途径，与那些已有的笨重、传统的韩国茶书籍区别开来。用押韵的方法来写内文,借此营造这种气氛,同时也反映出韩国茶冥思的一面。使用透明的色彩模式,就像茶的颜色。这个所展示的是关于书里内容的摘录,让大家在书里找到茗香!

5.3.2　Überzeitung 报刊设计

简洁、单纯的用色。

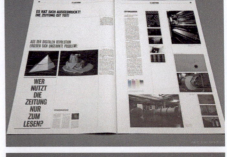

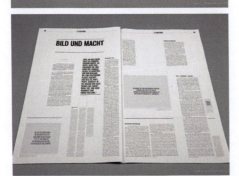

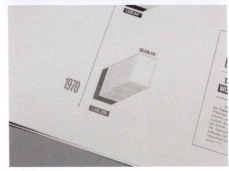

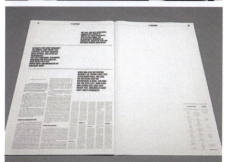

5.3.3　World Cup Schedule 平面版式设计

简单的配色，形式多变的创意图表设计。

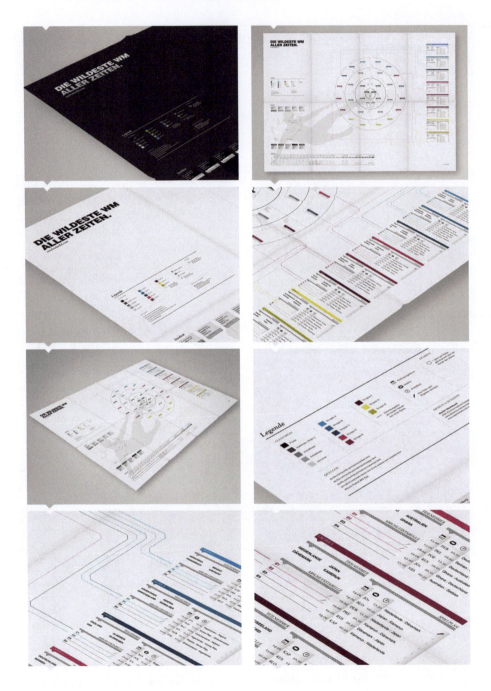

5.3.4 东京一绪The Tokyo ISSYONI Weisly杂志版式设计

日本传统用色。

5.4 网页

5.4.1 Gilt Groupe官方网站

　　Gilt Groupe，奢侈品购物网是一个创新型在线购物网站，开辟了美国"闪购"的先河；世界各地的消费者将能够购买网站每日精心准备的广受追捧的设计师产品，其中许多以内部价销售，低至四折。

　　Gilt Groupe购物网使用的是金黑色的标志，表示"如非独一无二，那即一无所有"。

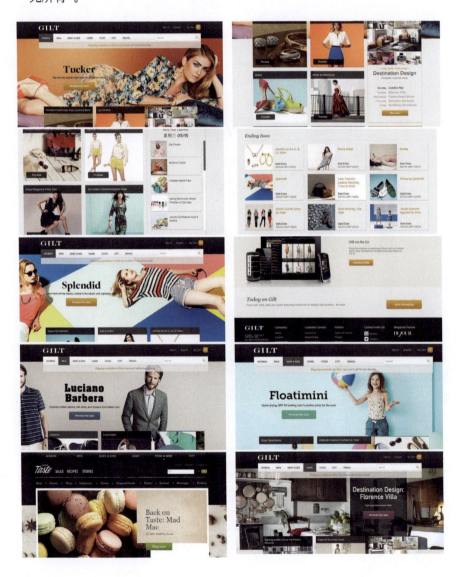

5.4.2　Jumbo UGG筒靴电子商务

Jumbo UGG是一个家族企业，自1989年成为澳大利亚最大的雪地靴制造商。Jumbo UGG靴已成功在澳大利亚和海外市场进行批发和零售，获得了许多满意的客户。Jumbo UGG的网站颜色方案与2012年系列产品的色彩相结合形成的企业标志性颜色一致。

5.4.3　网页——韩国KidsPlus乐衣乐扣动画片卡通网站

　　气氛相当足，气氛的营造和黄色以及橙色的大面积使用有着直接的关系。虽然主色调是这两种颜色，却并不仅限于这两种色彩的使用，粉红色、紫色、蓝色、绿色也都出现在了这个设计中，为典型的儿童主题网页用色。

5.5 字体

5.5.1 Barkentina字体排版设计

Barkentina字体排版设计包含了连字和小型大写字母，专注于优雅时尚和艺术装饰风格印刷。

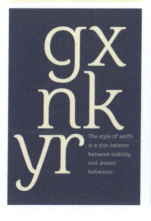

5.5.2 和合——设计哲学系列作品设计

AWT设计的"和合"设计哲学系列作品以水墨书法结合视觉插画进行创作,从三个不同的角度去总结设计的含义。由此,衍生出一系列实体印刷品与衍生品。

5.5.3 巴塞罗那BORN市场展览会字体设计

BORN曾经是巴塞罗那最重要的市场之一,但在45年前就已关闭。2017年,在这个市场举办的一场名为"Born. Memòries d'un mercat"的展览又把人们带入了过去的岁月。

展览会的形象设计师用市场中最重要的元素——承重地架来设计字体和图形元素,从而建立起展览的视觉识别。货架在这里演化成木框元素,配合着Casasin CF的模具版本字体,更重现了老市场的历史感。

5.5.4 灵动多变汉字字体设计

字体在海报设计中有着重要的表现作用，同时又因为汉字自带象形、写意的造型特点，以汉字为主的海报设计中可以拥有很多的表现形式，赋予画面以灵动多变的视觉效果。

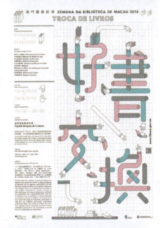